Für den großen Pflanzen-
kenner und -freund
Walter Barta
herzlichst

Elisabeth Klaus

KEINE ANGST VOR

Giftpflanzen

Gregor Dietrich • Elisabeth Kalous

KEINE ANGST VOR Giftpflanzen

Pflanzen kennen • Kinder schützen

avBUCH

INHALTSVERZEICHNIS

Wie gefährden Pflanzen Kinder?

Nach Paracelsus enthalten alle Pflanzen Giftstoffe, allein die Dosis ist entscheidend. So gibt es vermeintlich giftige Pflanzen und solche, die schon in geringen Mengen tödlich wirken. Wirklich gefährlich sind nur wenige. Wesentlich ist auch zu wissen, für wen sie erreichbar sind. Krabbelkinder muss man vor ihrer Neugier schützen, Jugendliche vor Experimenten mit Drogen.

UNSER UMGANG MIT GIFT-PFLANZEN

Wo immer wir auch Pflanzen sehen, stoßen wir auf Giftpflanzen. Sogar in der Küche finden wir sie: Bohnen, Kartoffeln, Tomaten, Salbei oder Basilikum. Ihre Gefährlichkeit ist unterschiedlich. Während Basilikum selbst nicht giftig ist, durch die Verdauung aber Krebs erregende Stoffe freigesetzt werden können, enthält Salbei selbst Krebs erregende Substanzen. Tomaten und Kartoffeln enthalten das Nervengift Solanin, das zwar bei Reife bzw. dunkler Lagerung kaum in Erscheinung tritt, bei künstlich nachgereiften Tomaten oder zu hell gelagerten Kartoffeln aber durchaus Wirkung zeigen kann. Bohnen dagegen können tatsächlich tödlich giftig sein. Nämlich dann, wenn sie roh gegessen werden.

DIE DOSIS MACHT´S

Niemand würde auf diese Pflanzen in der Küche verzichten wollen. Warum auch? Wir haben gelernt, mit ihnen umzugehen. Es wird hingegen immer wieder verlangt, Giftpflanzen in Natur und Garten zu vernichten. Doch was bliebe dann übrig?

Zum einen fällt es schwer, die Grenze zwischen giftig und ungiftig zu ziehen. Die Zwergmispel *(Cotoneaster)* zum Beispiel wird immer wieder als Giftpflanze genannt. Tatsächlich enthalten ihre Samen Blausäureglykoside – ebenso wie die Samen von Apfel und Birne. Die Frucht der Zwergmispel enthält im Verhältnis mehr Samen und weniger Fruchtfleisch als der Apfel, dennoch ist mit ernsthaften Vergiftungen auch bei Genuss mehrerer Früchte nicht zu rechnen.

Immer wieder essen Kinder rohe Bohnen. Zu Vergiftungen kommt es auch, wenn Bohnen als Rohkost verzehrt werden.

Die Beeren der Eberesche *(Sorbus aucuparia)* enthalten in den Samen Blausäureglykoside, rohe Früchte haben darmreizende Wirkung.

Zum anderen beinhalten praktisch alle Pflanzen die eine oder andere Form von „Gift". Schon der große Arzt und Naturforscher Paracelsus stellte das fest.

> **Alle Dinge sind Gift und nichts ist ohne Gift, allein die Dosis macht, dass ein Ding kein Gift ist.**
> *Paracelsus (1493 - 1541)*

Salbei und Basilikum werden wir also nicht als Grundnahrungsmittel verwenden. Das liegt auch daran, dass das Aroma der Pflanzen nur in geringer Dosierung als angenehm würzig empfunden wird.

WARUM SIND PFLANZEN GIFTIG?

Pflanzen sind nicht „vorsätzlich bösartig". Können sie sich jedoch nicht vor Pflanzenfressern schützen, werden sie auf der Evolutionsleiter nicht lange existieren. Verschiedene Strategien sichern den Fortbestand – die Natur war diesbezüglich kreativ: Baumform, Dornen, Stacheln, Behaarung, unterirdische Stängel oder eben Aromastoffe und Gifte. Dabei müssen wir heute davon ausgehen, dass der ursprüngliche Sinn der Gift- und Aromastoffe nicht in der Abwehr von Fressfeinden liegt, sondern dass es sich um Abfallprodukte des pflanzlichen Stoffwechsels handelt. Pflanzen können diese nicht wie wir ausscheiden, sondern lagern sie in Blättern ein, die später abgeworfen werden. Durchgesetzt haben sich jene Pflanzen, deren „Müll" Pflanzenfresser am besten abschreckt.

GIFTIGE FRÜCHTE

Etwas anders verhält es sich bei den Früchten. Sind in unreifen Früchten oft noch Giftstoffe vorhanden, werden diese zur Reife hin abgebaut. Dadurch wird verhindert, dass die Früchte vor der Samenreife gefressen werden. Erst mit der Reife erhalten die Samen die nötige Hülle, die sie vor dem Verdautwerden schützt. Dann erst wird die Frucht gefressen und das Tier „übernimmt“ die Verbreitung ihrer Samen.

Manche Früchte bleiben giftig. Die Frage ist nur: Giftig für wen? Handelt es sich um eine Frucht, deren Samen von Tieren verbreitet werden, ist sie für den „Adressaten“ mit Sicherheit nicht giftig. So zum Beispiel ist Seidelbast für die Vögel, die ihn verbreiten, ungiftig.

TÖDLICHE GEFAHR?

Wie fließend die Grenzen auch sein mögen, Tatsache ist: Manche Pflanzen wirken für uns tödlich, für Kinder natürlich in geringerer Dosierung als für Erwachsene. Der wichtigste Schutz für uns ist das, was in der Küche selbstverständlich ist: Das Wissen um den richtigen Umgang mit giftigen Pflanzen. Grundvoraussetzung ist eine gewisse Artenkenntnis.

Es wird heute oft gefordert, Giftpflanzen aus der Umgebung von Kindern zu verbannen. Doch dadurch können die Kinder diese Pflanzen gar nicht kennen lernen. Meistens wird auch in den Schulen wenig Pflanzenwissen vermittelt und viele junge Eltern wissen gar nicht mehr, welche Pflanzen gefährlich sind. Natürlich ist es sinnvoll, einige wenige, besonders giftige Arten aus Kindergärten, von Spielplätzen, Pausenhöfen etc. zu verbannen. Dennoch sollte man allen Kindern die Möglichkeit bieten, gerade diese Pflanzen kennen zu lernen, um sie vor der Gefahr zu warnen. Machen Sie Ihre Kinder auf Ihren Spaziergängen auf Giftpflanzen aufmerksam.

Für die Maibowle aus Waldmeister *(Galium odoratum)* sollten pro 1 Liter Bowle nicht mehr als 3 Pflanzen (das entspricht etwa 3 Gramm) verwendet werden. Die Blätter enthalten Cumarin, das in hohen Dosen Kopfschmerzen und Benommenheit auslösen kann.

VOM BABY BIS ZUM JUGENDLICHEN – IN JEDEM ALTER SIND ANDERE PFLANZEN GEFÄHRLICH

BABYS

Solange Babys nicht mobil sind, kommen Vergiftungen kaum vor, und wenn, werden sie durch Fehler Erwachsener verursacht. Oft erhalten Säuglinge Heilkräuter, als Kräutertees oder Tropfen, manchmal mit der Überzeugung verabreicht, je mehr umso besser. Doch Kräutertees sind Arzneimittel, die auch Erwachsene nicht über längere Zeit unreflektiert trinken sollen, schon gar nicht Babys. Der junge Organismus reagiert empfindlicher auf die Inhaltstoffe, von denen manche auch Erwachsenen bei Daueranwendung schaden. Keineswegs sollen so bewährte Hausmittel wie Fenchel- und Kümmeltee verteufelt werden, auch der Kamillentee hat – wenn auch stark schleimhautreizend – gelegentlich seine Berechtigung, doch alles mit Maß und Ziel.

Eine weitere Möglichkeit, wie Säuglinge mit Pflanzengiften in Kontakt kommen, ist über die Muttermilch. Dabei handelt es sich um Unkenntnis der Mutter – vielleicht aufgrund des Wunsches nach gesunder Ernährung mit Wildkräutern, ohne diese richtig zu kennen; im schlimmsten Fall um die Einnahme von pflanzlichen Rauschmitteln, wozu im weiteren Sinn auch Tabak zählt. Nicht alles wird vor dem Stillen im Körper ausreichend gefiltert.

KRABBELKINDER UND DIE ERSTEN SCHRITTE

Sobald Babys mobiler sind, ist es höchste Zeit, sich mit der erreichbaren Umgebung kritisch auseinander zu setzen. Babys lernen, indem sie Dinge in den Mund stecken, sie erleben so ihre Umwelt. Auch wenn der Anreiz an grünen Blättern zu kauen nicht sehr groß ist, sollte man im Wohnbereich gefährliche Giftpflanzen wie Kolbenfaden oder Dieffenbachie auf unerreichbare Höhe bringen. Die spitzen Oxalatkristalle in Verbindung mit den toxischen Inhaltsstoffen können, auch wenn wegen des scheußlichen Geschmacks kaum eine größere Menge aufgenommen wird, in Mund- und Darmschleimhaut Schaden anrichten. Nicht alle Zimmerpflanzen müssen nun ins Exil. Vielen eilt ein wesentlich gefährlicherer Ruf voraus, als sie es wirklich sind. Der Weihnachtsstern ist laut Literatur giftig. Sicherlich, Vorsicht ist angebracht, die Pflanzen enthalten je nach Sorte geringe Anteile von Diterpenestern, aber Vergiftungsfälle sind nicht bekannt.

KLEINKINDALTER

Nun wird es für die Kleinen erst richtig interessant, der Aktionsradius weitet sich aus, Lernprozesse werden immer differenzierter. Es wird weiterhin mit dem Mund erforscht, aber auch das Verhalten der „Großen“ imitiert. Erwachsene pflücken und essen Beeren, Kleinkinder ahmen dies nach, ohne den Unterschied zwischen z.B. Johannisbeeren und den hochgiftigen Seidelbastfrüchten zu kennen. Beide sind rot, glänzen und sehen appetitlich aus. Nun spätestens beginnt der Erziehungsauftrag der Eltern in Hinblick auf Giftpflanzen: Kleine Kinder müs-

Erklären Sie ihren Kindern die Welt der Pflanzen – es kann nicht früh genug begonnen werden. Naturerziehung ist der beste Schutz vor giftigen Gewächsen.

sen akzeptieren lernen, dass sie nichts in den Mund stecken dürfen, was Erwachsene vorher nicht „freigegeben" haben. Im geschützten Umfeld eines eigenen Gartens, der frei von den wenigen hochgefährlichen Giftpflanzen ist, können Kinder relativ früh selbständig zu ernten beginnen.

Bitte roden Sie nicht alle Giftpflanzen – nach Paracelcus würde dann nur nackte Erde übrig bleiben. Pflanzen, die ihre Giftstoffe vorwiegend in Blättern eingelagert haben, stellen kaum eine ernsthafte Gefahr für Kinder dar (wohl aber für Weidevieh etc.). Kaum ein gesundes Kind wird z.B. Eibennadeln in toxischen Mengen von den Ästen grasen. Die Samen der Eibe hingegen, durch den roten Samenmantel appetitlich anzusehen und mit süßlichem Geschmack, wandern da schon eher in Kindermünder. Der rote Samenmantel ist nicht giftig, der harte Kern dagegen schon. Doch um das darin enthaltene Gift aufzunehmen, müsste er zerkaut werden, und damit wäre der süße Geschmack dahin. Also werden die Kerne meist entweder ausgespuckt oder passieren als Ganzes geschluckt zumeist ohne weitere Nebenwirkung unbeschadet den Magen-Darm-Kanal der Kinder. Müssen nun wirklich alle Eiben aus unseren Gärten?

VORSCHULKINDER

Kinder um den Schuleintritt fühlen sich groß und erwachsen. Sie verbringen viel Zeit mit Rollenspielen, in denen Verhaltensweisen der Erwachsenen nachgestellt werden, etwa in Schule, Einkaufsladen oder Küche. Es werden Köstlichkeiten aus Zutaten wie Sand, Steinen und Pflanzen hergestellt, die auch schon mal verkostet werden.

Leider ist das Wissen um gefährliche Pflanzen meist unzureichend. Entfernen Sie die wenigen wirklich hochgiftigen Pflanzen aus dem Garten und klären Sie ihre Kinder über Giftpflanzen auf. Sie sind nun alt und wissbegierig genug, es sich zu merken. Weiterhin muss akzeptiert werden, dass nur Beeren aus dem eigenen Garten gegessen werden dürfen, sonst nur nach Fragen eines Erwachsenen.

Einige Pflanzen haben interessante Früchte, die zum Basteln, Musizieren oder einfach Spielen anregen. Bei der Herbstzeitlose, einer Anwärterin auf den Titel der giftigsten Pflanze Europas und leider oft auch von Erwachsenen nicht erkannt, kann es durch die Samen in den blasigen Kapseln leicht zu tödlichen Vergiftungen kommen. Bei Kindern reicht dazu eine Dosis von 1 bis 1,5 g der Samenkörner aus. Goldregensamen ist ebenfalls nicht zu unterschätzen. Hier liegt die tödliche Dosis höher und rasch einsetzendes Erbrechen verhindert meist die Aufnahme größerer Giftmengen.

SCHULKINDER

Schulkinder sind vernünftig genug, Unbekanntes nicht mehr in den Mund zu stecken. Dennoch kommt es auch bei ihnen immer wieder zu Vergiftungen. Samen oder Früchte, die Kinder als Nutzpflanzen kennen, müssen mitunter gekocht werden, um Gifte abzubauen – etwa Bohne oder Holunder. Roh genossen kann es zu schwersten Vergiftungen kommen.

Nicht zu unterschätzen sind Hautreizungen durch Blumenpflücken. Viele Pflanzensäfte haben, besonders in Verbindung mit Sonnenlicht, stark hautreizende Eigenschaften. Um Ausschläge zu vermeiden, gleich Hände waschen und als hautreizend bekannte Blumen stehen lassen.

Vorschulkinder lieben Rollenspiele, in denen sie die Welt der Großen nachahmen. Das Kosten von Pflanzenteilen gehört dazu.

JUGENDLICHE

Gelegentlich kommt es auch bei Jugendlichen zu Vergiftungen. Meist sind dies jedoch keine versehentlichen Unfälle, sondern gehen mit dem Experimentieren mit bewusstseinsverändernden Drogen einher. So werden Tees aus Stechapfel oder Bilsenkraut gekocht, wobei die Pflanzen in wässrigen Zubereitungen oft giftiger sind als bei der Aufnahme ganzer Pflanzenteile. Auch Selbstmordversuche werden manchmal mit Pflanzen verübt.

Am Schulweg finden Kinder oft viele interessante Früchte. Der Lebensbaum *(Thuja)* kann starke Hautreaktionen auslösen.

Schulkinder spielen gerne mit den Beeren der Schneebeere *(Symphoricarpos albus)*, auch „Knallerbsenstrauch" genannt, die mit einem kleinen Knall zerplatzen. Sie schmecken nicht besonders gut, mit einer ernsthaften Vergiftung ist nicht zu rechnen.

ERWACHSENE

Bei Erwachsenen besteht mitunter der Wunsch nach naturnahem Leben. Ein gewisser Trend in Richtung Wildgemüse ist merkbar. Oft werden aufgrund fehlender Pflanzenkenntnis Gemüsepflanzen mit Giftpflanzen verwechselt. Die Zahl solcher Unfälle übersteigt die Zahl der Vergiftungen bei Kindern bei weitem. Bekanntestes Beispiel aus der Pflanzenwelt ist der Bärlauch, der häufig mit Maiglöckchen oder Herbstzeitlosen verwechselt wird. Dabei haben diese Pflanzen nur oberflächliche Ähnlichkeiten. Bereits mit wenig Pflanzenkenntnis kann man sie eindeutig unterscheiden.

Alterstypische Probleme mit Giftpflanzen

SÄUGLINGE
Unsachgemäße Verabreichung von Tees und Kräuterarzneien
Giftstoffe über die Muttermilch

KRABBELKINDER
Erkunden die Welt mit dem Mund, lutschen an allem, was ihnen unter die Finger kommt

KLEINKINDER
Sind neugierig, wollen kosten, ahmen Erwachsene nach

VORSCHULKINDER
Kosten vermeintlich bekannter Früchte, Verwechslung mit giftigen Früchten
Spiel mit gefährlichen Samenständen

SCHULKINDER
Bekannte Früchte werden roh gegessen
Blumenpflücken

JUGENDLICHE
Experimente mit bewusstseinverändernden Pflanzen
Selbstmordversuche

ERWACHSENE
Botanische Unkenntnis

Giftpflanzen in ihren Lebensräumen

Gefährliche Pflanzen kann man überall finden: im Wald, auf Wiesen und Weiden, in der Nähe von Gewässern, auf Feldern, in Gärten, ja sogar als Zimmerpflanzen. Das Wissen, wo welche Pflanze vorkommen kann, hilft sie zu erkennen. Bärlauch ist eine typische Waldpflanze, die Herbstzeitlose gedeiht vorwiegend auf Wiesen. Der Goldregen wird in Gärten angepflanzt und die Tollkirsche liebt den Waldrand.

DER WALD

Wenn wir an Lebensräume von Pflanzen und Tieren denken, sind „Wald" und „Wiese" die ersten, die uns in unseren Breiten in den Sinn kommen. Vor allem der Wald spielt in Mythologie, Sagen und Märchen eine große Rolle. Das hat drei Hauptgründe: Erstens ist der Wald der natürliche Lebensraum in Mitteleuropa – früher waren Wälder flächendeckend. Erst die Besiedelung durch den Menschen führte zu offenem Weide- und Ackerland. Zweitens spielte daher Nahrung aus dem Wald lange Zeit eine große Rolle. Noch heute wird gesagt, man gehe in den Wald, um Pilze zu sammeln – dabei gedeihen viele genießbare Arten auf Wiesen. Drittens ist der Wald für uns ein unübersichtlicher Lebensraum. Bäume verstellen die Sicht, es ist finster – überall könnten Gefahren lauern.

Im Wald gibt es nur wenige gefährliche Giftpflanzen.

EIN WALD VOLLER GEFAHREN?

Natürlich waren Bären und als Futterkonkurrenten auch Wölfe tatsächlich gefährlich. Und natürlich gibt es auch Giftpilze. Was gefährliche Giftpflanzen betrifft, so ist ihre Zahl nicht so hoch wie oft angenommen. Man sollte sich aber darüber im Klaren sein, dass Wald nicht gleich Wald ist. Auwald, Edellaubwald oder Fichtenwald – um nur die wichtigsten Typen einer sehr groben Einteilung zu nennen – haben ganz unterschiedliche Bewohner. Kenntnis der Waldtypen hilft auch, Gefahren zu vermeiden.

BÄR-LAUCH UND WOMIT ER VERWECHSELT WIRD

Immer wieder kommt es zu Verwechslungen des Bär-Lauchs mit verschiedenen Giftpflanzen, oft sogar mit tödlichem Ausgang. Für Pflanzenkenner ist das unvorstellbar. Schon allein der Lebensraum schließt Verwechslungen zu einem großen Teil aus. Der **Bär-Lauch** benötigt Feuchtigkeit, hat hohen Nährstoffbedarf und besiedelt daher fast ausschließlich Auwälder. Das sind Wälder, die regelmäßig überflutet werden. Gelegentlich wächst er auch auf vernässten, meist lehmigen Stellen in Edellaubwäldern, da Lehm Wasser gut hält. Edellaubwälder sind Laubwälder mit relativ nährstoffreichem Boden.

Maiglöckchen hingegen kommen an eher trockenen Stellen in Edelaubwäldern vor und dringen aufgrund ihres geringeren Nährstoffbedarfs auch in ärmere Laubwälder und sogar in Laub-Nadel-Mischwälder vor. Die Gefahr, dass Maiglöckchen und Bär-Lauch gemeinsam vorkommen, ist sehr gering. Waldtypen, in denen Maiglöckchen und Bär-Lauch vorkommen, sind ehemalige Auwälder, die durch die Errichtung

von links nach rechts: Bär-Lauch *(Allium)*, Herbstzeitlose *(Colchicum)* und Maiglöckchen *(Convallaria)*

von Dämmen nicht mehr überflutet werden und verwalden, und Edellaubwälder auf zu Vernässung neigenden Böden wie Flysch. Auch hier konnten wir noch nie beide Arten durcheinander wachsend beobachten, und ich halte ein derartiges gemeinsames Vorkommen für fast auszuschließen. Maiglöckchen und Bär-Lauch wachsen praktisch immer an ökologisch unterschiedlichen Stellen und höchstens in unmittelbarer Nachbarschaft.

Die zweite Verwechslung, die in den letzten Jahren für einige Todesfälle verantwortlich zeichnet, geschieht mit der **Herbstzeitlose**. Sie ist eine der Kandidatinnen für den Titel der „giftigsten Pflanze Europas". Unsere heimische Art hat in Bezug auf Feuchtigkeit und Nährstoffe dieselben Ansprüche wie Bär-Lauch. Allerdings benötigt sie viel Licht. Sie wächst daher auf spät gemähten Wiesen – eine frühe Mahd erträgt sie nicht – und auf Weiden, da sie vom Weidevieh gemieden wird. Gemeinsames Vorkommen mit dem Bär-Lauch ist selten und beschränkt sich auf lichte Waldränder und sehr junge Wälder auf ehemaligen Wiesen und Weiden.

Art	Bärlauch	Maiglöckchen	Herbstzeitlose	Aronstab
Unterirdische Organe	oberflächennahe weiße Zwiebel (im Querschnitt sind zwei Teile (verdickter Blattgrund) erkennbar	kriechender, schlanker Wurzelstock (Rhizom)	tief sitzende Knolle (im Querschnitt ohne Gliederung) mit brauner Hülle	rundliche Knolle ohne Hülle oder verdickter Wurzelstock (Rhizom)
Blattstiele	freie, gut erkennbare Blattstiele mit dreieckigem Querschnitt	Blattstiele werden von einigen scheinstammbildenden Niederblättern eingehüllt	keine Blattstiele vorhanden bzw. diese flach und unterirdisch	Stiele frei, rund
Blattnerven	deutliche Mittelrippe vorhanden	viele gleichwertige parallele Nerven, Mittelrippe wenig deutlich	viele gleichwertige parallele, kaum sichtbare Nerven, Mittelrippe wenig deutlich	Nerven verzweigt, Mittelrippe wenig deutlich
Blattspreite	eilanzettlich, die glänzende Seite nach oben präsentiert, die matte, etwas graugrüne Seite unten	breitlanzettlich, unterseits glänzend, oberseits matt grün	lineal-lanzettlich, beidseitig glänzend	pfeilförmig, bei Jungpflanzen oft eiförmig oder oval, oberseits glänzend
Geruch/ Geschmack	knoblauchartig	unauffällig	unauffällig	Geruch unauffällig, durch Kristallnadeln (Raphiden) brennend, scharf schmeckend

Die einzigen verwechslungsträchtigen Pflanzen, die fast dieselben Lebensraumansprüche haben und tatsächlich öfters mit Bär-Lauch zusammen auftreten, sind die heimischen **Aronstab**-Arten. Sie unterscheiden sich allerdings durch ihr pfeil- bis spießförmiges Laub – Jungpflanzen jedoch haben ähnliches Laub. Tödliche Verwechslungen sind dennoch bislang nicht aufgetreten. Das hat mehrere Gründe: Die gefährliche Dosis ist hoch; eine Verwechslung macht sich außerdem durch in die Schleimhäute eindringende Kristallnadeln rasch schmerzhaft bemerkbar, sodass eine weitere Einnahme nicht erfolgt. Aufmerksamen Sammlern entgehen auch die Unterschiede zu den Bärlauchblättern nicht.

Schneeglöckchen *(Galanthus)* zählen zu den ersten Frühlingsboten, doch sind sie ähnlich der Narzisse und der Knotenblume *(Leucojum)* nicht ganz ungefährlich. Kinder sollten den Pflanzensaft abwaschen. Achtung vor oraler Aufnahme.

Wichtige Giftpflanzen in Wäldern

Gehölze:	✋ Eibe *(Taxus)*; Faulbaum *(Frangula)*; Kreuzdorn *(Rhamnus)*; Liguster *(Ligustrum)*; ✋ Seidelbast *(Daphne)*
Lianen und Schmarotzer:	✋ Efeu (*Hedera* – Auen; Edellaubwälder); Mistel (*Viscum* – auf Laubbäumen außer Eiche; Buche und Edelkastanie; sowie auf Föhre und Tanne); Waldrebe (*Clematis* – Auen; Edellaubwälder)
Kräuter:	Alpenveilchen *(Cyclamen)*; Aronstab *(Arum)*; Einbeere *(Paris)*; ✋ Gelber Eisenhut *(Aconitum lycoctonum)*; Haselwurz *(Asarum)*; Knotenblume *(Leucojum)*; Leberblümchen *(Hepatica)*; ✋ Maiglöckchen *(Convallaria)*; ✋ Nieswurz/Schneerose *(Helleborus)*; Salomonssiegel/Weißwurz *(Polygonatum)*; Schneeglöckchen *(Galanthus)*
mindergiftige Arten:	Blasenkirsche *(Physalis)*; Heckenkirsche/Geißblatt (*Lonicera* – einige Arten sogar als Wildobst verwendbar); Schneeball (*Viburnum* – der Gewöhnliche Schneeball ist als Wildobst geeignet); Waldmeister (*Galium odoratum* – das Gift wird in geringer Dosierung als aufputschende Droge genossen – Maibowle)

WALDRÄNDER UND WALDSCHLÄGE

Eigene Lebensräume sind Waldränder und Waldschläge. Waldschläge sind größere Lichtungen nach einer Schlägerung. Es kommt zu einer Abfolge von Lebensgemeinschaften, Sukzession genannt, die von kurzlebigen Pflanzen über Verbuschung, Pionierwald bis hin zum standortgerechten Wald führt. Kurz nach der Schlägerung können Massenbestände des hochgiftigen Roten Fingerhuts auftreten. Eine typische Pflanze jüngerer bis etwas älterer Schläge ist auch die Tollkirsche.

Waldränder hingegen sind Übergangsbereiche vom Wald zum Grasland. Was auf Schlagflächen nacheinander abläuft, ist am Waldrand nebeneinander zu finden: Pionierbäume und höhere Sträucher (Waldmantel), niedrige Sträucher und Hochstauden (Saum). Es sind aber im Einzelnen andere Arten, die hier auftreten. Wichtige Arten sind Großblütiger und in den Alpen Gelber Fingerhut, in warmen Regionen Osterluzei.

Forststraßenränder sind Lebensräume, in denen sowohl Schlag- als auch Waldrandpflanzen vorkommen.

An feuchten bis mäßig trockenen Waldsäumen wächst das Gewöhnliche Pfaffenhütchen *(Euonymus europaeus)*. Besonders die Früchte des Paffenhütchens (Pfaffenkapperls) enthalten Giftstoffe, die Übelkeit, Durchfälle, Krämpfe und Kreislaufstörungen bis hin zu tödlichen Vergiftungen auslösen können. Die Vergiftungserscheinungen treten erst acht bis achtzehn Stunden nach der Aufnahme auf.

Wichtige Giftpflanzen an Waldrändern und auf Waldschlägen

Gehölze:	Faulbaum *(Frangula)*; Kreuzdorn *(Rhamnus)*; Liguster *(Ligustrum)*; ✋ Pfaffenhütchen *(Euonymus)*
Kräuter:	Bärenklau *(Heracleum)*; ✋ Eisenhut *(Aconitum)*; ✋ Fingerhut *(Digitalis)*; Osterluzei *(Aristolochia)*; ✋ Tollkirsche *(Atropa)*
mindergiftige Arten:	Holunder (*Sambucus* – Gift wird erst beim Kochen zerstört); Schneeball (*Viburnum* – der Gewöhnliche Schneeball, *Viopulus,* ist als Wildobst geeignet)

WIESEN & WEIDEN

Grasländer sind danach einzuteilen, ob sie gemäht oder beweidet werden. In Mähwiesen haben Giftpflanzen keinen besonderen Vorteil. Die Pflanzen müssen Mahd ertragen. Natürlich kann Giftigkeit auch gegen Insektenfraß schüt-

In Wiesen findet man den gelben Hahnenfuß *(Ranunculus)*. Beim Blumenpflücken können Hautreizungen bis hin zur Blasenbildung auftreten. Die Giftigkeit wird aber oft überbewertet. Der bittere Geschmack hält Kleinkinder von der oralen Aufnahme ab.

zen. Hahnenfuß ist mit einigen Arten in Wiesen vertreten. Andere Pflanzen sind an sich Weidebeikräuter, können aber wegen eines der Mahd ausweichenden Lebensrhythmus bestehen, wie die Herbstzeitlose. Eine größere Rolle spielen Giftpflanzen auf Weiden. Dort treten sie zusammen mit Disteln und anderen mechanisch geschützten Arten als Weidebeikräuter auf, die nicht gefressen werden. Sie können ohne Störung wachsen und sind oft hochwüchsig. Besonders auffällig sind sie auf Gebirgsweiden (Almen).

Wie Wälder werden auch Wiesen und Weiden noch weiter unterteilt. Viel stärker als Waldgesellschaften sind Grasländer je nach Boden, Ausrichtung und klimatischen Verhältnissen unterschiedlich. Auch der Mährhythmus oder die weidende Tierart haben einen Einfluss.

Als Beispiel sei die im Osten Österreichs heimische Zwerg-Schwertlilie herausgegriffen. Sie verfügt über keinerlei wirksame Gifte gegen Weidevieh. Als Art sehr trockener Standorte war sie auf trockenen Rinderhutweiden häufig. Rinder, die ihre Nahrung mit der Zunge abreißen, können die niedrigen Blattfächer nicht erreichen. Heute zieht sich die Art durch Aufgabe der Beweidung auf Felsrasen zurück, da sie höheren Bewuchs in ihrer Nachbarschaft nicht erträgt. Rettungsversuche einiger Trockenrasen durch Schafbeweidung führten nicht zum Erfolg: Schafe

Wichtige Giftpflanzen auf Wiesen & Weiden

Tieflandweiden:	Frühlings-Adonisröschen *(Adonis vernalis)*; Heideröschen *(Daphne cneorum)*; Herbstzeitlose *(Colchicum)*; Küchenschelle *(Pulsatilla)*; Trollblume *(Trollius)*; Steppen-Windröschen *(Anemone sylvestris)*; Wolfsmilch *(Euphorbia)*; Jakobs-Greiskraut *(Senecio jacobaea)*
Hochlandweiden:	Alpenrose *(Rhododendron)*; Eisenhut *(Aconitum)*; Germer *(Veratrum)*; Küchenschelle *(Pulsatilla)*; Trollblume *(Trollius)*

erreichen die niedrige Zwerg-Iris und vernichten damit auch die Standorte auf Felsrasen.

Ähnliche Auslesemechanismen gibt es noch bei anderen Pflanzen, etwa beim Greiskraut, das bei Pferden zu Vergiftungen führt, von anderen Weidetieren aber gefressen werden kann. Der Nährstoffgehalt von Wiesen ist von großem Interesse. Nährstoffarme Magerwiesen sind artenreicher als nährstoffreiche Fettwiesen.

GEWÄSSER

An Gewässern herrschen üblicherweise günstige Wachstumsbedingungen, sodass die Produktion von Giftstoffen nicht übermäßig gefördert wird. Fraßverluste werden durch Wachstum wettgemacht. Allerdings kann an kleineren Gewässern in trockenen Regionen zu viel gefressen werden. Einige Sumpfpflanzen sind zu ihrem eigenen Schutz schwach giftig, wenige stärker. Andere sind durch schneidende Blätter, Siliziumeinlagerung etc. mechanisch geschützt.

Wichtige Giftpflanzen in und an Gewässern

Froschlöffel *(Alisma)*; ✋ Gnadenkraut *(Gratiola)*; Hahnenfuß *(Ranunculus)*; Polei-Minze *(Mentha pulegium)*; Bittersüß-Nachtschatten *(Solanum dulcamara)*; ✋ Wasserschierling *(Cicuta virosa)*

ACKERLAND

Getreideäcker haben eine eigene, typische, artenreiche Beikrautflora. Sie unterscheidet sich grundlegend von der unserer Gärten mit ihren Blumen- und Gemüsebeeten, aber auch von jener der Rübenäcker, die der Gartenflora sehr ähnelt. Beikräuter im Ackerland können die Ernte verunreinigen. Üblicherweise aber ist die Reinigung wegen der unterschiedlichen Samengewichte kein Problem. Problematisch war früher lediglich die Kornrade, deren Samen sich an das Gewicht der Getreidesorte, unter der sie wuchs, anpassten. Die Pflanze versamt sich kaum selbst, sondern muss wie Getreide gedroschen werden. Sie ist so gesehen eine Kulturpflanze, die sich selbst domestiziert hat. Die Samen werden im nächsten Jahr mit dem Getreidesaatgut wieder angebaut. Samen, die mit dem Getreide verarbeitet wurden, führten zu schweren Vergiftungen. Heute ist die Art vom Aussterben bedroht und stellt somit keine Gefahr mehr dar. Ungefährlich ist das Pflücken von Ackerblumen. Im Gegensatz zu vielen Wiesenblumen entwickeln Ackerpflanzen auch kaum phototoxische Substanzen, die zu Hautirritationen führen.

Wichtige Giftpflanzen im Ackerland

Ackerrittersporn *(Consolida)*; Kornrade *(Agrostemma)*; Mohn *(Papaver)*; Teufelsauge *(Adonis)*

GÄRTEN, PARKS, STÄDTE UND GEMÜSEFELDER

Gärten und Parks als vom Menschen gestaltete Lebensräume können eine große Artenvielfalt aus allen gemäßigten Klimazonen unserer

Erde beherbergen, darunter natürlich auch viele Giftpflanzen. Darüber hinaus siedeln sich auch ungewollt zahlreiche Beikräuter an. Auch unter ihnen finden sich Giftpflanzen. Gerade in Gärten, in denen sich Kinder auch weniger beaufsichtigt aufhalten, sollte man versuchen, auf wirklich gefährliche Giftpflanzen zu verzichten. Für uns an erster Stelle, weil für Kinder sehr gefährlich, stehen Seidelbast, Eisenhut, Goldregen und Herbstzeitlose. Diese bei uns auch heimischen Pflanzen haben an ihren natürlichen Standorten ihre Berechtigung und sollten dort keineswegs – nur weil giftig – ausgerottet werden. Aus Gärten, in denen kleine Kinder spielen, sollten sie jedoch verbannt werden.

Andere wie Efeu stellen unseres Erachtens weniger Gefahr dar. Die giftigen blauschwarzen Früchte des Efeus werden erst auf der Altersform gebildet, oft in großer Höhe. Sollten Kinder wirklich welche erreichen können, hindert

Wichtige Giftpflanzen in Gärten und anderem Kulturland

Wildpflanzen:	Bärenklau *(Heracleum)*; Bilsenkraut *(Hyoscyamus)*; Bittersüß-Nachtschatten *(Solanum dulcamara)*; Mohn *(Papaver)*; Schierling *(Conium)*; Stechapfel *(Datura)*; Winde *(Convolvulus)*; Wolfsmilch *(Euphorbia)*; Zaunrübe *(Bryonia)*
Kulturpflanzen:	
Gehölze	Efeu *(Hedera)*; Eibe *(Taxus)*; Flieder *(Syringa)*; Goldregen *(Laburnum)*; Liguster *(Ligustrum)*; Kirschlorbeer *(Prunus laureola)*; Pfaffenhütchen *(Euonymus)*; Seidelbast *(Daphne)*; Lebensbaum *(Thuja)*
Stauden; Zwiebelblumen und Einjährige	Aronstab *(Arum)*; Rittersporn *(Delphinium)*; Eisenhut *(Aconitum)*; Fingerhut *(Digitalis)*; Goldmohn *(Eschscholzia)*; Herbstzeitlose *(Colchicum)*; Immergrün *(Vinca)*; Maiglöckchen *(Convallaria)*; Mohn *(Papaver)*; Narzisse *(Narcissus)*; Prachtwinde *(Ipomoea)*; Wunderbaum/Palma Christi *(Ricinus)*; Schneerose/Lenzrose/Nieswurz *(Helleborus)*; Tabak *(Nicotiana)*; Tulpe *(Tulipa)*; Wolfsmilch *(Euphorbia)*
Nutzpflanzen	Bohne *(Phaseolus)*; Erdapfel *(Solanum tuberosum)*; Melanzani *(Solanum melongena)*; Paradeiser *(Solanum lycopersicum)*; Saubohne *(Vicia faba)*
Balkon- und Kübelpflanzen	Engelstrompete *(Datura/Brugmansia)*; Enzianbaum *(Lycianthes)*; Nachtschatten *(Solanum)*; Oleander *(Nerium oleander)*; Petunie *(Petunia)*; Veilchenstrauch *(Iochroma)*; Wandelröschen *(Lantana)*
mindergiftige Arten	Hundspetersilie *(Aethusa)*; Jungfernrebe/„Wilder Wein" *(Parthenocissus)*; Kürbis *(Cucurbita)*; Schwarzer Nachtschatten *(Solanum nigrum)*; Petersilie *(Petroselinum)*; Salbei *(Salvia)*; einige Minze-Arten/-Sorten *(Mentha)*; Basilikum *(Ocimum)*

der bittere, unangenehme Geschmack an der Aufnahme größerer Mengen. Das Laub von Giftpflanzen wird kaum gegessen oder in den Mund gesteckt. Es ist also nur vor solchen Arten abzuraten, bei denen bereits kleinste Mengen gefährlich sind bzw. deren Gifte auch über unverletzte Haut aufgenommen werden, wie beim Eisenhut.

GIFTIGE NUTZPFLANZEN

Häufig unbekannt ist die Giftigkeit verschiedener Nutzpflanzen. Ganz voran steht die Garten-Bohne. Kinder kennen die Samen, wissen, dass sie essbar sind und schlucken die Bohnen roh. Doch das enthaltene Gift Phasin wird erst beim Kochen abgebaut. Tödliche Vergiftungen mit rohen Bohnen sind bekannt.

Daneben enthalten viele Nachtschattengewächse Gifte (Solanin), die auch durch Kochen nicht zerstört werden. Grün geerntete Tomaten werden erst durch milchsaure Vergärung giftarm genug, um genossen werden zu können. Die im Lager nachgeröteten enthalten übrigens immer noch eine erhöhte Dosis Solanin, die Umfärbung bewirkt nur geringen Giftabbau. Allerdings enthalten auch reife Tomaten genauso wie Kartoffeln und Melanzani Solanin. Die Dosis ist aber so gering, dass sie gefahrlos konsumiert werden können. Meist enthalten die „ungiftigen" Teile von Giftpflanzen noch geringe Giftmengen. So können auch größere Mengen von grundsätzlich ungiftigen Mohnsamen positive Opiattests ergeben.

GIFTIGE KÜBELPFLANZEN

Gefährlich für Kinder können auch Kübelpflanzen wie Oleander oder Engelstrompete werden. In der Nähe des Sitzplatzes aufgestellt laden die auffälligen Blüten zum Spielen ein. Bei der Engelstrompete reicht auch bereits der betörende Duft, um bei empfindlichen Personen Kopfweh und Schwindel auszulösen. Eine weitere Besonderheit ist das Wandelröschen. In einigen südlichen Ländern werden die reifen Früchte schadlos verzehrt. Nicht vollständig ausgereifte Früchte können allerdings Vergiftungen auslösen.

Schon der Duft der Engelstrompete *(Datura/Brugmansia)* kann Kopfschmerzen auslösen.

GIFTIGE KRÄUTER

Einige Beikräuter sollte man in Gärten, in denen Kinder spielen, nicht ansiedeln lassen, da die Früchte zum Spielen verleiten. Zu den Arten, bei denen erhöhte Vorsicht geboten ist, gehören ✋Stechapfel und ✋Bilsenkraut. Kleine Kinder können mit den Samen spielen und sie in den Mund stecken, bei Jugendlichen besteht die Gefahr, dass sie diese Drogen zur „Bewusstseinserweiterung" probieren wollen. Vor allem Stechapfel hält dabei einige Überraschungen bereit. Es kommt mitunter noch vor der berauschenden Wirkung zum anaphylaktischen Schock und auch ohne diese Wirkung ist die Letaldosis schnell erreicht. Nach dem Gebrauch kommt es häufig zu drastischen „flash backs", die im falschen Augenblick wie beim Lenken eines Fahrzeuges ebenfalls tödliche Folgen haben können. Das Gleiche gilt auch für die als Kübelpflanzen beliebten Engelstrompeten. Todesfälle bei solchen Experimenten sind also durchaus möglich.

Von vielen Nachtschatten-Arten, in der Literatur meist als hochgiftig dargestellt, geht hingegen kaum eine Gefahr aus. Die reifen Früchte des Schwarzen Nachtschatten werden in südlichen Ländern als Gemüse verzehrt. Bei uns kann es zu Vergiftungen kommen, da sich die Fruchtschalen schon vor der Vollreife und dem damit einhergehenden Giftverlust schwarz färben. Erst wenn die Frucht auch innen schwarz ist, ist sie genießbar. Lediglich der Bittersüß-Nachtschatten dürfte auch bei Vollreife für uns giftig bleiben – genauere Untersuchungen fehlen noch.

In Parkanlagen, bei Schulen und Kindergärten wird in der Nähe von Kinderspielplätzen auf giftige Sträucher wie ✋Goldregen seitens der Kommunen bereits weitest gehend verzichtet. Auch fruchttragende Gehölze wie Liguster, Schneebeeren oder Heckenkirschen werden, obwohl nicht sehr gefährlich, kaum mehr dort gepflanzt.

WOHNRÄUME

Aus den Tropen und Subtropen haben wir zahlreiche interessante Pflanzen zur Dekoration in unsere Wohnräume geholt. Einige von ihnen gelten in ihrer Heimat als gefährliche Giftpflanzen, aus denen sogar Pfeilgifte hergestellt werden (Wüstenrose, Cassie, Wolfsmilch-Arten). Diese sind in unseren Breiten wegen der zu geringen Sonneneinstrahlung und Wärme zwar meist nicht so gefährlich wie in ihrer Heimat, teilweise wurde durch gezielte Züchtung die Giftigkeit sogar schon reduziert, Vorsicht ist jedoch angebracht. Einige Aronstabgewächse wie die beliebte ✋Dieffenbachie oder der ✋Kolbenfaden besitzen Calciumoxalat-Nadeln in allen Pflanzenteilen, die schwere Schädigungen der Schleimhäute verursachen können. Gerade Krabbelkinder, die alles in den Mund stecken und auch vor grünen Blättern nicht Halt machen, sind gefährdet. Man kann auf diese Pflanzen in den ersten Lebensjahren der Kinder ganz verzichten, oder sie in unerreichbaren Höhen platzieren.

Früher wurden durch die Becher-Primel oft unangenehme Hautausschläge ausgelöst. Die Züchtung hat darauf reagiert und den neueren Sorten das Primin fast gänzlich weggezüchtet. Bezeichnungen wie „Greif-mich-an-Primel" auf den Etiketten weisen auf die neue Eigenschaft hin. Auch viele Sorten des Weihnachtssterns enthalten kaum mehr Giftstoffe und sind somit relativ ungefährlich. Mit seinen leuchtend roten Hochblättern wird der Arme sein schlechtes Image als höchst gefährliche Pflanze aber nicht so schnell loswerden.

Allergien bei Kindern nehmen zu. Die Birken-Feige *(Ficus benjamina)* ist zwar nicht giftig im herkömmlichen Sinn, zählt aber zu den starken Allergieauslösern und sollte von gefährdeten Personen als Zimmerpflanze vermieden werden.

Betrachten erlaubt, spielen verboten! Der Kolbenfaden *(Aglaonema)* zählt zu den giftigen Zimmerpflanzen.

Wichtige Giftpflanzen in Zimmern

	Blattfahne *(Spathiphyllum)*; Dieffenbachie *(Dieffenbachia)*; Efeutute *(Epipremnum)*; sukkulente Euphorbien *(Euphorbia)*; Fensterblatt *(Monstera)*; Flamingoblume *(Anthurium)*; Kolbenfaden *(Aglaonema)*; Korallenbäumchen *(Solanum)*; Wunderstrauch/„Kroton“ *(Codiaeum)*; Madagaskarimmergrün *(Catharanthus)*; Baumfreund *(Philodendron)*; Ritterstern/„Amaryllis“ *(Hippeastrum)*; Schusterpalme *(Aspidistra)*; Wüstenrose *(Adenium)*; Zamioculcas
mindergiftige Arten:	Indische Azalee *(Rhododendron simsii)*; Becher-Primel *(Primula obconica)*; einige Kakteen; Weihnachtsstern *(Euphorbia pulcherrima)*; Zimmer-Alpenveilchen *(Cyclamen persicum)*

Gifte und ihre Wirkungsweisen

Wie Gifte im Körper wirken, hat neben der Dosis großen Einfluss auf die Einstufung ihrer Gefährlichkeit. Nerven- und Zellgifte verursachen Schäden, die oft nicht mehr geheilt werden können. Mechanische „Gifte“ oder Hautgifte hingegen sind meist harmloser. Doch keine Regel ohne Ausnahme. Immer kommt es auf die Menge und die Empfindlichkeit des betroffenen Menschen an.

EINTEILUNG VON GIFTEN

Chemiker und Pharmazeuten teilen Gifte nach ihrer chemischen Formel ein. Wir wollen sie hier nach ihrer Wirkung auf den menschlichen Organismus gruppieren.

Gifte sind Substanzen, die unterschiedliche schädigende Wirkung auf den lebenden Organismus haben. Doch ob und in welchem Ausmaß es zu Vergiftungen kommt, hängt von zahlreichen Faktoren ab. Wissenschaftler suchten nach einer Maßeinheit für Giftigkeit und schufen den LD$_{50}$-Wert. Bei giftigen Pflanzen ist dieser Wert jedoch schwierig anzuwenden, da man es nie mit reinen, isolierten Giftstoffen zu tun hat. Nicht nur, dass meist mehrere Stoffe gemeinsam die Giftwirkung verursachen und in Mischung die Giftigkeit der Einzelsubstanzen noch verstärken. Auch kann der Giftgehalt verschiedener Pflanzen gleicher Art stark schwanken. Standort, genetischer Typ, Alter, Reifezustand und Witterungsverhältnisse beeinflussen die Inhaltsstoffe. Dann kommt noch die Art der Aufnahme dazu. Versuche werden, um messbar zu sein, mit isolierten Stoffen in wässriger Lösung gemacht. Die Aufnahme des Giftstoffes im Körper ist hier meist wesentlich höher als die Aufnahme derselben Menge Gift in „Verpackung" der Pflanze. Giftige Stoffe können durch den Mund (oral), durch die Haut (dermal) oder durch die Atmung (inhalativ) aufgenommen werden. Der Vollständigkeit halber muss auch die intravenöse Aufnahme erwähnt werden (direkt in die Blutbahn), welche jedoch bei unbeabsichtigten Vergiftungen keine Rolle spielt. Je nach Art des Giftes ist die eine oder andere Art der Aufnahme die gefährlichere.

Schon drei bis vier Früchte der Tollkirsche sind für ein Kind tödlich.

LD$_{50}$-Wert

(Letale Dosis 50 Prozent)
Dieser Wert gibt an, bei welcher Menge eines Stoffes pro Kilogramm Körpergewicht 50% der damit behandelten Versuchstiere sterben.

NERVENGIFTE

Diese Gruppe von Substanzen wirkt entweder direkt auf die Reizleitung der Nerven oder blockiert wichtige Rezeptoren im Gehirn. Oft gehen mit Vergiftungen Veränderungen der Wahrnehmung einher – man denke an Opiate oder an mittelalterliche „Hexenkräuter". Nervengifte können Nervenbahnen bis zur Blockade überreizen, sodass wesentliche Körperfunktionen zusammenbrechen. Es kommt zu Muskel- und Atemlähmung, wobei letztere den Tod durch Ersticken bedeutet. Sehr viele Giftstoffe zählen zu den Nervengiften und verursachen akute und dramatische Vergiftungsfälle.

Beispiele: Alkaloide der Nachtschattengewächse (Stechapfel, Tollkirsche, Bilsenkraut, u.v.m.), herzwirksame Glykoside (Digitaloide) von Fingerhut, Maiglöckchen, Pfaffenhütchen, Adonisröschen, Oleander, Meerzwiebel u.a.

Das liebliche Maiglöckchen duftet zwar betörend, enthält aber giftige Glykoside.

Gift auf dem Teller

Einige Tiere produzieren hochwirksame Nervengifte. Kugelfische, Fugu genannt und in Japan eine hochgeschätzte Delikatesse, können durch unachtsame Zubereitung Menschen ins Jenseits befördern. Das Tetrodotoxin, vor allem in Galle, Leber und anderen inneren Organen enthalten, ist giftiger als Strychnin. Hingegen wirkt das Pfleilgift Curare, eine eingedickte Zubereitung aus verschiedenen Tropenpflanzen, nur bei Aufnahme über die Blutbahn. Das Gift zeigt keine Wirkung, wenn es gegessen wird, darum können Tiere, die durch Curare getötet wurden, gefahrlos verzehrt werden.

ZELLGIFTE

Zellgifte wirken direkt innerhalb der kleinsten Bausteine des Körpers, der Zellen. Sie stören wichtige molekulare Reaktionen und können Zellmembranen auflösen, das Gewebe stirbt ab. Hämolitische Gifte zerstören das Blut, es kann kein Sauerstoff mehr transportiert werden. Geringe Mengen des Spindelgiftes Colchicin der Herbstzeitlose über einen gewissen Zeitraum eingenommen greifen in die Zellteilung ein und lassen Krebszellen entstehen. Die Blausäureglykoside der Rosengewächse gehören ebenfalls zu den Zellgiften, doch wird ihre Giftwirkung oftmals überbewertet. Die Blausäure zählt zwar isoliert zu den stärksten Giften, doch wird das an Zuckermoleküle gebundene Gift von Apfel- und Pfirsichkernen, Bittermandeln oder *Cotoneaster*-Früchten nur langsam und nicht vollständig freigesetzt. Lebensbedrohende Vergiftungen sind nicht bekannt.

Oft wirken mehrere Mechanismen. Die Saponine in den Samen der Kornrade schädigen die Schleimhäute, wodurch das Gift erst eindrin-

Die Garten-Bohne kann roh gegessen zu schweren Vergiftungen führen. Toxische Aminosäuren wirken als Zellgift.

gen und seine blutzerstörende Wirkung entfalten kann.

Beispiele: Nikotin des Tabaks, toxische Aminosäuren der Schmetterlingsblütler (z.B. in der Garten-Bohne), cyanogene Glykoside der Rosengewächse (in den Samen von Apfel, Pfirsich, Bittermandel, *Cotoneaster*, Kirschlorbeer u.a.)

GEWEBS- UND HAUTGIFTE

Viele Pflanzensäfte haben hautreizende Eigenschaften. Die Empfindlichkeit ist von Mensch zu Mensch unterschiedlich. Gerade Kinder mit ihrer noch zarten Haut können nach dem Blumenpflücken heftig reagieren. Es kommt zu Rötungen, juckenden oder brennenden Ausschlägen, Quaddelbildung oder Gewebeschwellungen unter der Haut. Normalerweise vergehen diese Erscheinungen nach Ende des Kontaktes mit den reizenden Substanzen schnell wieder, selten bleiben hartnäckige Blasen oder blutige Wunden. Ein rasches Abwaschen der Haut mit kaltem Wasser mildert die Reaktion.

Tödlicher Wald

Kontakte mit Hautgiften des Pflanzenreiches laufen in der Regel eher harmlos ab. In Neuseeland und Australien jedoch wachsen Wälder mit Baum-Brennnesseln *(Urtica ferox)*. Sie werden oft abgesperrt, da es nach Kontakt mit den Pflanzen bereits zu Todesfällen gekommen ist.

Oftmals werden hautreizende Eigenschaften durch Sonnenlicht verstärkt (photosensibilisierende oder phototoxische Wirkung). Als bekanntestes Beispiel sei der Bärenklau bzw. die Herkulesstaude *(Heracleum mantegazzianum)* genannt, die alljährlich für Schlagzeilen sorgt. Durch ihren starken Ausbreitungsdrang und die heftige phototoxische Wirkung ihres Pflanzensaftes ist sie mehr als unbeliebt; in manchen Gegenden laufen sogar schon Ausrottungsprogramme gegen den Eindringling aus dem Kaukasus.

Doch auch heimische Kräuter können Reaktionen hervorrufen. Als Wiesendermatitis bezeichnet man Ausschläge auf den Füßen, die nach dem Durchwandern einer Wiese auftauchen. Direkt nach dem Mähen treten besonders viele Pflanzensäfte aus und die Reaktion ist dann stärker.

Beispiele: Furanocumarine in Rautengewächsen (Raute, Diptam) und Doldenblütlern (Bärenklau), ätherische Öle

STOFFWECHSELGIFTE

Diese Substanzen greifen in den menschlichen Stoffwechsel ein und stören wichtige Abläufe. Oxalsäure ruft durch die Bildung unlöslicher Calciumsalze Störungen im Calciumhaushalt hervor, die Blutgerinnung wird gehemmt. Vergiftungen erfolgen jedoch meist erst bei Aufnahme hoher Dosen.

Beispiele: Oxalsäure in Rhabarber, Sauerklee, Sauerampfer, Begonien, Gänsefußgewächsen; Proteine und Peptide von Bohnen und anderen Schmetterlingsblütlern, Wolfsmilchgewächsen, Mistel

Diptam *(Dictamnus albus)* enthält Alkaloide, die Hautreizungen verursachen können.

MECHANISCHE „GIFTE“

Dabei handelt es sich im eigentlichen Sinn nicht um Giftstoffe, sondern um mikroskopisch kleine Partikel, die durch ihre besondere Form in Haut und Schleimhaut eindringen und mechanische Verletzungen hervorrufen können. Meist „arbeiten“ sie mit chemischen Giftstoffen „zusammen“, d.h. die Partikel beschädigen Haut oder Schleimhaut und ermöglichen somit erst das Eindringen des Giftes. Sie rufen gemeinsam starke Haut- und Schleimhautreizungen hervor, unter Jucken und Brennen kommt es zu Schwellungen und Entzündungen bis hin zu Blasenbildung und Heiserkeit. Manche dieser Gebilde wie die Raphiden der Dieffenbachie – das sind beidseitig zugespitze Nadeln aus Calciumoxalat mit rinnenförmigen Vertiefungen – sitzen zu Hunderten in eigenen „Schießzellen“. Sie werden bei Berührung herausgeschleudert und wirken wie winzige Injektionsnadeln. Die Dieffenbachie, heute eine beliebte Zimmerpflanze, erlangte während der Sklavenzeit traurige Berühmtheit. Der heute gelegentlich noch verwendete deutsche Name „Schweigrohr“ weist auf eine Bestrafungsart geschwätziger Sklaven oder unliebsamer Zeugen hin. Durch Kauen der grünen Pflanzenteile schwellen Zunge und Mundschleimhäute dermaßen an, dass das Sprechen oft für mehrere Tage unmöglich wird.

Beispiele: Raphiden in Aronstabgewächsen *(Dieffenbachie, Philodendron* u.a.), Knollen-Begonie, Bromelien

ALLERGENE

Eine Allergie ist die Entgleisung des körpereigenen Immunsystems – der Organismus reagiert auf Substanzen in einer dramatischen, überzogenen Art und Weise. Es kann zu Schwellungen, Ausschlägen, tränenden und juckenden Augen, Niesreiz, Kopfschmerzen, Verdauungsstörungen und zahlreichen anderen Beschwerden kommen. Generell kann man auf alle Stoffe allergisch reagieren, am häufigsten handelt es sich dabei jedoch um verschiedene Eiweißstoffe, wie sie auch in Pollen vorkommen. Genau genommen sind Allergien auslösende Stoffe keine Gifte. Da jedoch sehr viele davon in Pflanzen vorkommen, sollen sie hier erwähnt werden.

Beispiele: Pollen von Windbestäubern (Gräser, Birke, Hasel, Ragweed, Beifuß), Tuliposide in der Tulpe („Tulpenfinger“, „Tulpenkrätze“), Latexpartikel der Birken-Feige, ätherische Öle.

Zimmerliebling mit Nebenwirkung

Neben Pollenallergien leiden zahlreiche Menschen – oft unerkannt – an einer Latexallergie, ausgelöst durch eine der beliebtesten Zimmerpflanzen, die Birken-Feige *(Ficus benjamina)*. Die Pflanze gibt winzige Latexpartikel über Blätter und Zweige an die Raumluft ab. Streift man häufig an der Pflanze an, ist die Belastung noch höher.

Giftpflanzen im Porträt

Aus der großen Vielfalt an Giftpflanzen stellen wir die wichtigsten vor: Pflanzen, deren Einnahme tödliche Folgen haben kann, aber auch gefährliche Arten, die in der Volksmeinung als giftig gelten. Pflanzenkenntnis nimmt die Angst im Umgang: Es gibt auch vermeintlich giftige Pflanzen, deren Giftkonzentration so gering und deren Geschmack so unangenehm ist, dass von ihnen kaum Gefahr ausgeht.

AUSWAHL UND SYSTEM

Wir stellen Ihnen die wichtigsten Giftpflanzen nach Pflanzenfamilien geordnet vor. Was die Auswahl der Pflanzen betrifft, ging es uns nicht darum, alle Giftpflanzen zu erfassen. Auch würde es den Rahmen dieses Buches sprengen, die heimischen und bei uns kultivierten Giftpflanzen vollständig vorzustellen. Fast jede Pflanze enthält Stoffe, die in großer Konzentration unverträglich sind. Wir machen auf jene Pflanzen aufmerksam, die in der Praxis tatsächlich zu Vergiftungen führen.

DIE AUSWAHL

Unsere Auswahl soll also die für Kinder wirklich gefährlichen Pflanzen vorstellen, denen wir in Alltag und Urlaub begegnen – jene Pflanzen, deren Einnahme tödliche Folgen haben kann und auf die wir auch als Nichtbotaniker treffen. Natürlich gibt es auch eine Reihe von Arten, die als giftig verschrien sind, obwohl sie kaum eine reale Gefahr darstellen. Bei ihnen ist die Giftkonzentration so gering und/oder der Geschmack so unangenehm, dass üblicherweise keine gefährdenden Giftmengen aufgenommen werden und auch kein Arztbesuch erforderlich wird. Diese Pflanzen erwähnen wir, um ihr „schlechtes" Image zurechtzurücken. Öfter ist es jedoch so, dass giftige Arten als ungiftig betrachtet werden.

Alles in allem aber kann die Auswahl nicht vollständig sein. Sie richtet sich nicht vorrangig nach der Giftigkeit der Inhaltsstoffe, sondern nach der Gefährlichkeit für Kinder.

DAS SYSTEM

Es gibt verschiedene Möglichkeiten Pflanzen zu gruppieren. Übliche Pflanzenführer sortieren Pflanzen nach Lebensräumen oder Blütenfarben. In der Biologie gruppiert man alle Lebewesen im so genannten System, oft auch Stammbaum genannt. Das Aussehen einer unbekannten Pflanze gibt Aufschluss über ihre Stellung in diesem System. Die Stellung im System gibt aber auch Aufschluss über die Pflanze. Das ist in der Praxis von Bedeutung.

Nehmen wir zum Beispiel eine uns unbekannte Pflanze, die wir anhand ihres Äußeren als Nachtschattengewächs identifizieren können.

Vermeintliche Liliengewächse finden Sie unter den:

Herbstzeitlosengewächsen *(Colchicaceae)*
Germergewächsen *(Melanthiaceae)*
Hyazinthengewächsen *(Hyacinthaceae)*
Maiglöckchengewächsen *(Ruscaceae)*

Die Zuordnung zu dieser Familie sagt dem Gärtner, dass die Pflanze stickstoffreichen Dünger benötigt. Für uns ist hier wichtig, dass Nachtschattengewächse größere Mengen an giftigen Alkaloiden enthalten, vor allem in unreifen Früchten. Wir können also ohne Kenntnis der genauen Art Aussagen über die Pflanze treffen.

Sowohl deutsche als auch wissenschaftliche Artennamen bestehen aus Gattungsnamen (Fingerhut/*Digitalis*) und Artbeifügung (Roter/*purpurea*). Die übergeordnete Rangstufe ist die Gattung, hier Fingerhut *(Digitalis)*. Gattungen werden wieder zu Familien zusammengefasst.

PFLANZEN IN NEUEN FAMILIEN

Im Bereich der Familien gab es in den letzten zwei Jahrzehnten größere Umstellungen. Fingerhut wurde früher zu den Rachenblütlern *(Scrophulariaceae)* gezählt. Nach heutiger Ansicht beinhalten die Rachenblütler keine Giftpflanzen mehr. Fingerhut wird heute zu den Löwenmaul- oder Wegerichgewächse *(Plantaginaceae)* gerechnet. Diese Familie enthält sehr viele „chemisch auffällige" Arten. Großteils sind es Heilkräuter, teilweise auch starke Giftpflanzen. Noch sichtbarer wird die Verbindung Systematik – Inhaltsstoffe bei den ehemaligen Liliengewächsen. Die Kenntnis der Familienzugehörigkeit einer Art gibt also Aufschluss über ihre Merkmale, in diesem Buch über die Inhaltsstoffe und die Giftigkeit der jeweiligen Pflanze.

Erste Hilfe

In diesem Buch finden Sie bei fast allen Pflanzen unter Erster Hilfe den Hinweis „Erbrechen auslösen" in Klammer gestellt. Obwohl rasches Erbrechen in vielen Fällen größere Giftaufnahme im Körper verhindern würde, ist es schwierig, ein verstörtes, da vielleicht vergiftetes Kind ohne Zwang zum Erbrechen zu bringen. Gewaltanwendung wäre jedoch kontraproduktiv!

Nadelbäume

Pinales

Bei den Nadelbäumen oder Koniferen haben wir es nicht mit einer Familie, sondern einer ganzen Ordnung zu tun. Als Überbleibsel vergangener Epochen sind sie relativ artenarm und an den meist nadel- oder schuppenförmigen Laubblättern erkennbar. Die Samen sind nicht durch eine Frucht geschützt, sondern werden meist von verholzten oder fleischigen Tragblättern geschützt, die Zapfen oder mitunter fleischige Scheinbeeren bilden, wie der Wacholder. Selten bildet sich ein fleischiger oder verholzender Samenmantel (Arillus) wie bei der Eibe. Ginkgo gehört entgegen landläufiger Meinung nicht zu den Koniferen. Als Giftpflanzen spielen nur wenige Arten eine Rolle.

Eibe *(Taxus)*
Familie Eibengewächse *(Taxaceae)*

Der harte Teil des Samens ist giftig, unzerkaut allerdings meist ungefährlich.

GEFÄHRLICH FÜR KINDER

Die Gefährlichkeit der Eibe für Kinder wird meist überbewertet. Verlockend sind die roten, gallertigen, süß schmeckenden „Beeren" (Samenmantel), die jedoch absolut ungiftig sind. Werden versehentlich die harten, giftigen Teile des Samens aufgenommen, passieren sie meist ohne weitere Wirkung den Magen-Darmtrakt. Beim Zerkauen der „Kerne" würden Giftstoffe freigesetzt, der bittere Geschmack hält jedoch von einer größeren Aufnahme ab. Zu Vergiftungen könnte es z.B. kommen, wenn Eibenzweige in der häuslichen Weihnachtsdekoration, etwa zum Adventkranzbinden oder für Gestecke verwendet werden.

Die Gefährlichkeit der Eibe *(Taxus baccata)* für Kinder wird oft überbewertet.

GIFTWIRKUNG

In den Nadeln, aber auch in der Rinde, dem harten Samen und im Holz sind Taxine und andere Giftstoffe enthalten, die besonders bei Weidevieh oder als Teeabkochungen für Selbstmordversuche oder Abtreibungen schwere Vergiftungen auslösen können. Es kommt bald nach der Einnahme (1/2 bis 1 1/2 Stunden) zu Übelkeit, Erbrechen, heftigen Darmkoliken, Durchfall, Schwindel, Kreislaufschwäche, Bewusstlosigkeit bis hin zum Tod durch Kreislauf- und Atemlähmung.

ERSTE HILFE

Bei Aufnahme auch großer Mengen der roten „Beeren" ohne gut zerkauter „Kerne" ist keine Behandlung erforderlich – sie sind ungiftig! Werden Nadeln oder die harten Kerne zerkaut oder ein Absud aus Nadel, Rinde oder Holz getrunken, ist sofortige Behandlung im Krankenhaus erforderlich. Auf dem Weg dorthin (Erbrechen auslösen), Medizinalkohle verabreichen.

Standort

Heimisch aber selten ist die Gewöhnliche Eibe *(Taxus baccata)* auf schattigen, luftfeuchten Steilhang-Wäldern. Häufig findet man sie und wenige andere Arten in Gärten.

Merkmale

Immergrüner Nadelbaum, oft strauchförmig gezogen; Nadeln weich; Samen an weiblichen Pflanzen mit rotem, süßem, als einziger Teil der Pflanze ungiftigem Samenmantel.

Lebensbaum *(Thuja)*

Familie Zypressengewächse *(Cupressaceae)*

Die meist als harmlos eingestufte Giftpflanze kann zu starken Hautreaktionen führen.

GEFÄHRLICH FÜR KINDER

Hautkontakt beim Spielen in der Hecke, besonders gefährlich nach dem Schnitt durch austretenden Pflanzensaft.

GIFTWIRKUNG

Kontaktgift wirkt bei Berührung. Je nach Empfindlichkeit können starke Nesselausschläge auftreten. Oral aufgenommen Krebs auslösende Wirkung, bei stärkerer Dosierung zunächst Halluzinationen, später Übelkeit, schmerzhafte, blutige Durchfälle. Bei Verwendung als halluzinogene Droge sind Todesfälle nicht ausgeschlossen.

ERSTE HILFE

Äußerlicher Kontakt: betroffene Hautstellen mit viel klarem Wasser abwaschen, Kindern das Spielen in Thujenhecken untersagen, besonders nach dem Heckenschnitt. Nach Aufnahme von Pflanzenteilen: (Erbrechen auslösen), Medizinalkohle verabreichen, viel trinken lassen, Arzt oder Krankenhaus aufsuchen.

Beim Heckenschnitt des Morgenländischen Lebensbaums *(Thuja orientalis)* tritt Pflanzensaft aus.

Standort

In Unwissenheit um die Giftigkeit häufig als Heckenpflanze kultiviert.

Merkmale

Immergrüner Baum mit schuppenförmigem Laub und aromatischem Geruch, je nach Art mit trockenen oder fleischigen Zapfen.

Sadebaum, Stink-Wacholder *(Juniperus sabina)*
Familie Zypressengewächse *(Cupressaceae)*

Wacholder führen heute selten zu Vergiftungen, wurden früher aber als Abtreibungsdroge verwendet.

GEFÄHRLICH FÜR KINDER

Früchte können in den Mund gesteckt werden, aber der scharfe, bittere Geschmack verhindert die Aufnahme größerer Mengen. Die Zweige finden nur selten in der Adventbinderei Verwendung, da sie unangenehm riechen.

GIFTWIRKUNG

Alle Pflanzenteile, besonders die Zweigspitzen sind stark giftig. Früher oft als Abtreibungsdroge verwendet, nicht selten mit tödlichem Ausgang auch für die Mutter. Bei Hautkontakt schwere Entzündungen, Blasenbildung bis zum Absterben des Gewebes möglich. Die Früchte können mit denen des Gewöhnlichen Wacholders *(J. communis)* verwechselt werden. Letztere werden als Gewürz verwendet und sind nicht schädlich.

ERSTE HILFE

Viel Wasser oder lauwarmen Tee trinken lassen, Medizinalkohle verabreichen. Bei Aufnahme von Zweigspitzen oder mehreren Früchten Arzt oder Krankenhaus aufsuchen. Bei Hautkontakt: gründlich mit viel klarem Wasser abwaschen, Heilsalbe auflegen.

Standort

Inneralpine, trockene Felsfluren; als Zierpflanze früher häufig gepflanzt, weil Zwischenwirt des Birnengitterrostes, aber zunehmend seltener.

Merkmale

Immergrüner Strauch mit schuppenförmigem Laub und aromatischem Geruch, Wuchs ausgebreitet.

Die Früchte des Sadebaums *(Juniperus sabina)* können mit jenen des Gewöhnlichen Wacholders *(J. communis)* verwechselt werden.

Aronstabgewächse

Araceae

Aronstabgewächse sind vorwiegend in den Tropen zu Hause, doch auch in heimischen Gefilden gibt es einzelne Arten. Bedeutend sind die Zimmer- und Aquarienpflanzen. Die Mitglieder der Familie haben deutliche Merkmale. Ihre Blumen sind keine einzelnen Blüten sondern Scheinblüten. Sie bestehen aus einem Kolben (Spadix), an dem die winzigen eigentlichen Blüten sitzen und der von einem meist bunten Hochblatt (Spatha) getragen oder gar eingehüllt wird. Viele Arten werden nur in ihren nicht blühenden Jugendstadien kultiviert *(Philodendron, Scindapsus)* und sind dann schwer als Aronstabgewächse erkennbar. Eine große Blattscheide, die Bildung kräftiger Luftwurzeln und glattrandige Laubblätter sind gute Hinweise. So genannte „fußförmige" Laubblätter kommen häufig vor – aus der heimischen Flora kennen wir sie nur von den Schneerosen.

Aronstab *(Arum)*

Rote Beeren und saure Blätter locken Kinder an. Im Frühling können Jungpflanzen mit Bärlauch verwechselt werden.

GEFÄHRLICH FÜR KINDER

Die leuchtend roten, saftigen, süßlich schmeckenden Beeren verlocken zum Essen. Die Blätter treiben früh aus (erstes Grün) und schmecken ähnlich wie Sauerampfer.

GIFTWIRKUNG

In den Laubblättern der Aronstabgewächse sind Bündeln von Oxalatkristallnadeln (Raphiden) gelagert. Diese Nadeln erzeugen nicht nur selbst ein Jucken und Brennen an Schleimhäuten, die durch das Eindringen anschwellen, sich entzünden und Blasen bilden können. Durch feine Kanäle (Rinnen) in den

Die Beeren des Aronstabs *(Arum)* schmecken süßlich.

Nadeln erhalten auch verschiedene andere Giftstoffe Zutritt in den Organismus. Nach der Einnahme kann es zu Brennen im Mund und auf der Zunge, Blutungen, Krämpfen und zur Schädigung des Zentralnervensystems kommen. Äußerlich können Hautentzündungen auftreten.

ERSTE HILFE

Nach Aufnahme: (Erbrechen auslösen), viel trinken lassen, Medizinalkohle verabreichen, v.a. mit kleinen Kindern Arzt oder Krankenhaus aufsuchen. **Äußerlich:** Haut gründlich abwaschen.

Standort

Heimische Arten bevorzugen Auwälder, im Mittelmeerraum sind Aronstäbe auch an Trockenstandorten zu finden. *Arum italicum* ist als Gartenpflanze beliebt.

Merkmale: Knollenpflanzen, deren meist pfeilförmiges, mitunter weiß marmoriertes und/oder braunviolett getupftes Laub im Herbst oder Frühling austreibt. Im späten Frühling erscheinen die Blumen mit üblicherweise gelblich-grünlich-weißlichen Hochblättern und braunen oder gelben Kolben. Nach der Blüte stirbt das Laub ab und nur die kolbenförmigen Fruchtstände bleiben erhalten. Sie tragen im Sommer rote Beeren, die ebenfalls giftig sind.

Ähnliche Arten

Drachenwurz *(Dracunculus)*, Schlangenwurz *(Calla palustris)*, als Zimmer- und Kübelpflanzen die Zimmerkalla *(Zantedeschia)*.

Dieffenbachie, Schweigrohr *(Dieffenbachia)*

Dieffenbachien zählen zu den giftigsten Zimmerpflanzen. Sie sind besonders gefährlich für kleine Kinder.

GEFÄHRLICH FÜR KINDER

Kleine Kinder stecken alles in den Mund – auch schon einmal ein Zimmerpflanzenblatt! Schwere Schleimhautschädigungen v.a. im Darm sind möglich.

GIFTWIRKUNG

Im Stamm und in den Blättern befinden sich zahllose Schießzellen, die spitze Oxalatkristallnadeln regelrecht in die Haut bzw. Schleimhaut abfeuern. Dadurch dringen Giftstoffe in die ver-

Schweigrohr

Zu ihrem seltsamen Namen „Schweigrohr" ist die Dieffenbachie in Westindien während der Sklavenzeit gekommen. Man benutzte sie als Bestrafungsinstrument für aufständische Sklaven, indem man sie solange an den Stämmen kauen ließ, bis sie durch die schweren Schwellungen nicht mehr sprechen konnten. Die Wirkung hielt oft mehrere Tage an und nicht selten kam es zu Todesfällen durch Ersticken. Gelegentlich wurden so auch unliebsame Zeugen vorübergehend zum Schweigen gebracht.

Die Gefleckte Dieffenbachie *(Dieffenbachia maculata)* wird auch Schweigrohr genannt.

letzte Haut. Nach Einnahme kommt es zum Brennen in Mund und Rachenraum, Bläschenbildung, Schwellung der Zunge und Schluckbeschwerden. In schweren Fällen besteht Erstickungsgefahr und Verlust der Sprache. Später können Herzrhythmusstörungen, Benommenheit und Lähmung folgen. Bei Pflanzensaftspritzern in die Augen droht eine massive Hornhautschädigung bis hin zur Erblindung. Durch häufigen Kontakt können Allergien ausgelöst werden.

ERSTE HILFE

Nach Kauen an Blättern oder Stämmen: (Erbrechen auslösen), viel trinken lassen, Medizinalkohle verabreichen, Arzt oder Krankenhaus aufsuchen. **Bei Augenkontakt:** Gründlich mit viel klarem Wasser spülen, sofort eine Augenklinik aufsuchen. **Bei allergischen Reaktionen:** Kontakt mit diesen Pflanzen meiden.

Standort

Als Pflanze tropischer Regenwälder bei uns nur in Zimmerkultur.

Merkmale

Aufrechte, Stamm bildende Blattpflanze mit meist eiförmigem, hell geflecktem Laub. Im Zimmer selten blühend.

Ähnliche Arten

Kolbenfaden *(Aglaonema)*, ebenso giftig wie Dieffenbachia.

Allergieauslöser

Aus der Familie der Aronstabgewächse stammen noch zahlreiche andere bei uns häufig als Zimmerpflanzen kultivierte Arten, mit ähnlichem, wenn auch lang nicht so starkem Wirkprinzip wie bei der Dieffenbachie. Beim Umgang mit diesen Pflanzen ist Vorsicht angebracht, vor allem was das Auslösen von Allergien angeht:

Baumfreund *(Philodendron)*; Fensterblatt *(Monstera)*; Efeutute *(Epipremnum)*; *Syngonium;* Blattfahne *(Spathiphyllum)*; Flamingoblumen *(Anthurium)*; Tränenbaum *(Amorphophallus konjac)*; Eidechsenwurz *(Typhonium (Sauromatum) venosum)*; Zimmerkalla *(Zantedeschia)* u.a.

Herbstzeitlosengewächse

Colchicaceae

Alle Herbstzeitlosengewächse sind durch ihre Giftstoffe chemisch gut charakterisiert und bilden Kapselfrüchte mit relativ großen, kugelrunden, mitunter knallig gefärbten Samen. Sie werden wie viele andere Familien in der älteren Literatur noch als Liliengewächse angeführt.

Herbstzeitlose *(Colchicum)*

Herbstzeitlosen zählen zu unseren gefährlichsten Giftpflanzen. Kinder sollten sie nicht pflücken dürfen. Eine tödliche Verwechslung der Blätter mit Bär-Lauch kommt auch immer wieder vor.

GEFÄHRLICH FÜR KINDER

Die rasselnden Samenkapseln verlocken zum Spielen. Ihre Samen enthalten eine weit höhere Giftkonzentration als die Blüten und bereits 1,5 Gramm davon gelten als für Kinder tödliche Dosis. Auch die großen Blüten im Herbst sind für Groß und Klein interessant.

Gewöhnliche Herbstzeitlosen *(Colchicum autumnale)* in Blüte

GIFTWIRKUNG

Die ganze Pflanze enthält das stark wirksame Alkaloid Colchicin. Nach der Aufnahme kommt es erst nach zwei bis sechs Stunden zu Vergiftungssymptomen wie Brennen im Mund, Übelkeit, Erbrechen, blutigen Durchfällen, Krämpfen, Lähmungen bis zum Tod durch Atemlähmung. Neben der akuten Wirkung besitzt Colchicin noch eine nachhaltigere: Es handelt sich um ein Spindelgift, das die Zellteilung stört und somit zu Krebs führen kann. Gerade bei Kindern, wo es wachstumsbedingt zu vermehrter Zellteilungsaktivität kommt, ist das besonders gefährlich. Erwachsene verwechseln Herbstzeitlosen gelegentlich mit Bärlauch, was meist tödlich endet.

Im Frühjahr erscheint die Blattrosette der Herbstzeitlose, in deren Mitte sich die grüne, hochgiftige Samenkapsel bildet.

ERSTE HILFE

Sofort nach Aufnahme Erbrechen auslösen, unverzüglich ins nächste Krankenhaus bringen.

Standort

Unsere heimische Art bewohnt fette, frische bis wechselfeuchte Wiesen und Weiden, selten dringt sie in Auwälder oder frische Edellaubwälder ein. Die Mehrzahl der Arten ist an Trockenstandorten zu finden und wird auch in Gärten kultiviert.

Merkmale

Knollenstaude. Im Spätsommer bis Herbst erscheinen purpurne, selten weiße und recht große Blüten direkt aus dem Boden. Sie sind von herbstblühenden, weitgehend ungiftigen *Crocus*-Arten durch ihre sechs Staubblätter unterscheidbar. *Crocus* hat nur drei. Erst im Frühjahr erscheint eine bis 50 cm hohe Laubblattrosette aus glänzenden, lanzettlichen Blättern. In ihrer Mitte steht kurz gestielt die grüne Samenkapsel mit relativ großen, anfangs oft leuchtend gelben, später braunen Samen. Im Juni zieht die Pflanze ein, d.h. ihre Laubblätter sterben ab.

Ähnliche Arten

Es gibt auch frühjahrsblühende Arten wie die Lichtblume *(C. (Bulbocodium) vernum)*. Das Goldglöckchen *(Uvularia)* wird als Schattenstaude in Gärten verwendet.

Zimmerpflanzen: Ruhmeskrone *(Gloriosa)*, Chinesisches Laternchen *(Sandersonia aurantiaca)*, *Littonia modesta.*

Germergewächse

Melanthiaceae

Die meisten Germergewächse haben einen steif aufrechten Stängel, der im unteren Teil beblättert ist. Die verzweigte Blütentraube wird bis zu zwei Meter hoch. Alle ehemaligen Dreiblattgewächse, die heute zu den Germergewächsen zählen, sind hingegen niedrige Waldstauden.

Weißer Germer *(Veratrum album)*

Die großen Blätter lösen Hautreizungen und Niesreiz aus, bei Verzehr kann es zu starken Vergiftungen kommen. Gefährdet sind kleine Kinder und Schnapsbrenner, die den Weißen Germer mit dem Gelben Enzian verwechseln.

GEFÄHRLICH FÜR KINDER

Da das Gift auch über unverletzte Haut aufgenommen wird, kann es beim Spielen mit den großen Blättern zu leichteren Vergiftungen kommen (Jucken, Brennen, Niesreiz).

GIFTWIRKUNG

Bereits kurz nach der Aufnahme kommt es zum Brennen in Mund und Rachen und zu Taubheitsgefühl, Erbrechen, Durchfall, Kältegefühl bis zum Tod durch Kreislauf- und Atemlähmung.

ERSTE HILFE

Bei oraler Aufnahme (Erbrechen auslösen), Medizinalkohle verabreichen, sofort das nächste Krankenhaus aufsuchen.

Standort

Almweiden

Merkmale

Staude mit großen, breit-lanzettlichen Laubblättern über einem unauffälligen Scheinstamm. Der verzweigte, sehr dichte Blütenstand trägt im Hochsommer schmutzig weiße bis gelblich grüne Blüten. Die Früchte sind Kapselfrüchte.

Vergiftung bei Schnapsbrennern

Die Art wird im nicht blühenden Zustand mitunter mit hohen Enzian-Arten, etwa dem Gelben Enzian *(Gentiana lutea)*, verwechselt. Deren Blätter sind jedoch kreuzgegenständig und weicher. Verwechslungen sind deswegen problematisch, weil die Wurzeln des Gelben Enzians und anderer Arten zum Brennen des Enzian-Schnapses dienen und eine Verwechslung beim Sammeln somit tödliche Folgen haben kann. Durch das Zurückdrängen der Schwarzbrennerei sind solche Fälle schon seit langem nicht mehr aufgetreten. Früher war getrockneter Germer Bestandteil von Niespulver, das jedoch seit einigen Jahrzehnten verboten ist.

Der Weiße Germer *(Veratrum album)* kommt auf Almweiden vor.

Ähnliche Arten

Gelber Enzian *(Gentiana lutea)* ist ungiftig, Schwarzer Germer *(Veratrum nigrum)* ist ebenso giftig wie Weißer Germer. Der Schwarze Germer wächst jedoch in wärmebegünstigten, lichten Edellaubwäldern und blüht schwarzbraun. Üblicherweise wachsen die Pflanzen viele Jahrzehnte im Wald ohne zu blühen. Erst nach Schlägerung erhalten sie genug Licht für die Blütenbildung.

Andere Germergewächse

Die blauschwarzen Beeren der Vierblättrige Einbeere *(Paris quadrifolia)* können mit Heidelbeeren verwechselt werden. Da sie jedoch nicht gut schmecken, wird kaum eine größere Menge verzehrt werden. Selten kultiviert werden verschiedene Arten des Dreiblattes *(Trillium)* mit hell marmoriertem Laub. Noch seltener kommt *Daiswa* vor und ist meist unter *Paris* im Sortiment zu finden.

Narzissengewächse

Amaryllidaceae

Zu Deutsch werden die Amaryllidaceae Narzissengewächse genannt, weil uns die Narzissen näher stehen als die exotische Amaryllis. Narzissen bilden eine so genannte Nebenkrone (Corona) aus. Das heißt, neben der Blütenkrone wird eine weitere „Krone" ausgebildet. Meist handelt es sich bei Narzissengewächsen um Zwiebelpflanzen. Typisch ist auch der den Blütenstand tragende Schaft.

Narzissen *(Narcissus)*

Die beliebten Frühlingsblumen verursachen starke Hautausschläge. Vorsicht vor Verwechslung mit der Küchenzwiebel.

GEFÄHRLICH FÜR KINDER

Narzissen werden oft in Blumensträußen verwendet. Die Zwiebeln können mit Küchenzwiebeln verwechselt werden und sollten daher nicht in der Küche gelagert werden.

GIFTWIRKUNG

Übelkeit, Erbrechen, Durchfall, Schockzustand. Der schleimige Pflanzensaft und auch Blumenwasser können, besonders unter Einfluss von Schweiß und Sonnenlicht, zu Kontaktdermatitis führen.

ERSTE HILFE

Pflanzensaft sofort abwaschen, bei oraler Aufnahme viel trinken lassen, Medizinalkohle verabreichen, Patienten beobachten, bei Auftreten von Symptomen Arzt oder Krankenhaus aufsuchen.

Standort

In Gärten, wild bei uns nur Stern-Narzisse *(N. radiiflorus)* auf Almweiden und -wiesen.

Merkmale

Schmale Laubblätter; Schaft ein- bis zu zwanzigblütig; Blüten meist im Frühling mit kurzer bis langer Nebenkrone, Frucht eine Kapsel.

Ähnliche Gattungen

Meeres- oder Strandnarzisse *(Pancratium maritimum)*, Schneeglöckchen *(Galanthus)* und Knotenblume *(Leucojum)*.

Zimmerpflanzen

Als Weihnachtsnarzissen gezogenen Tazetten, *Ismene* und *Hymenocallis*, Ritterstern, „Amaryllis" *(Hippeastrum)*, die südafrikanische echte Amaryllis, die Belladonnenlilie *(Amaryllis belladonna)*.

Narzissen *(Narcissus pseudonarcissus)* mit typischen Trompeten

Hyazinthengewächse

Hyacinthaceae

Auch Hyazinthengewächse sind Zwiebelpflanzen, die meisten wie Hyazinthen *(Hyacinthus)* inkl. Blaustern *(Othocallis)*, Traubenhyazinthen *(Muscari)*, Blausterne *(Scilla)* inkl. Schneestolz *(Chionodoxa)* oder Milchsterne *(Ornithogalum)* sind schwach giftig. Sie können ähnlich wie Narzissen und Tulpen Kontaktdermatitis auslösen. Erhöhte Giftigkeit (Herzglykoside!) zeigen nur die Meerzwiebelähnlichen *(Urgineoideae)*.

Meerzwiebel

(Charybdis, früher *Urginea maritima)*

Die meisten Vergiftungen entstanden durch Verwechslung mit der Küchenzwiebel.

GEFÄHRLICH FÜR KINDER

Kinder können in Urlaubsländern beim Spielen mit der Pflanze in Kontakt kommen.

GIFTWIRKUNG

Die ganze Pflanze ist stark giftig, besonders aber die Zwiebel, die früher sogar zur Rattenbekämpfung verwendet wurde. Äußerlich verursacht sie schwere Entzündungen und Blasen, aufgenommen kann es zu Übelkeit, Erbrechen, Darmkoliken bis hin zur Herzlähmung kommen.

ERSTE HILFE

Besonders bei oraler Aufnahme, Medizinalkohle verabreichen und sofort das nächste Krankenhaus aufsuchen.

Standort

Im Mittelmeerraum an Felsküsten – nicht kultiviert (siehe ähnliche Arten).

Die Blüten der Meerzwiebel *(Charybdis,* früher *Urginea maritima)* bilden später Kapseln mit schwarzen Samen.

Merkmale

Zwiebelstaude mit je nach Art bis zu kindskopfgroßen Zwiebeln, Rosetten aus lanzettlichen Laubblättern, im Sommerhalbjahr blattlos, bis zu 180 cm hohe Blühsprosse mit kerzenartigen Blütentrauben. Die sternförmigen Blüten sind weiß und die Früchte Kapseln mit schwarzen Samen.

Ähnliche Arten

Als „Meerzwiebel" wird fälschlich der Medizinalmilchstern *(Stellarioides (Ornithogalum) longibracteata)* kultiviert, dessen aufgeschnittene Zwiebeln zur Wundheilung auf die Haut gelegt werden. Bei Verwechslung mit der tatsächlichen Meerzwiebel sind schwere Vergiftungen möglich!

Maiglöckchengewächse

Ruscaceae, syn. Convallariaceae

Hier haben wir es mit einer recht einheitlichen Familie aus dem Kreis der ehemaligen Liliengewächse zu tun. Alle Maiglöckchengewächse sind giftig, manche nur schwach. Maiglöckchengewächse sind vorwiegend krautige Rhizomstauden in Wäldern mit relativ kleinen, meist weißen Blüten und Beerenfrüchten. Viele Arten kommen mit sehr wenig Licht aus. Drachenbaum *(Dracaena)* wie Grasbaum *(Nolina)* sind verholzende Ausnahmen, letzterer wächst in Trockengebieten.

Europäisches Maiglöckchen

(Convallaria majalis)

Die Verwechslung der Blätter mit Bärlauch führt zu starken Vergiftungen, der Verzehr der Beeren hingegen ist weniger gefährlich, da große Mengen aufgenommen werden müssten.

Europäisches Maiglöckchen *(Convallaria majalis)*

GEFÄHRLICH FÜR KINDER

Die orangeroten Beeren verleiten zum Naschen.

GIFTWIRKUNG

Bei Berührung sind Haut- und Augenreizung, bei oraler Aufnahme größerer Mengen Übelkeit, Erbrechen, Durchfall, Herzrhythmusstörungen und Schwindel möglich. Die Pflanze enthält unter anderem herzwirksame Glykoside, in den Blüten am meisten, im Fruchtfleisch der orangeroten Früchte fehlen sie fast vollständig (Fruchtschale und Samen aber giftig). Diese dem Fingerhutgift ähnlichen Stoffe werden nur zu einem geringen Prozentsatz vom Körper aufgenommen, so dass schwere Vergiftungsfälle selten vorkommen – ausgenommen bei

Verwechslung mit Bärlauch, wenn große Mengen gegessen werden.

ERSTE HILFE

Bei Aufnahme von wenigen Beeren (1–3) ist die Beobachtung des Patienten ausreichend. Eventuell Medizinalkohle verabreichen, viel trinken lassen. Bei größeren Mengen oder Verwechslung mit Bärlauch Arzt oder Krankenhaus aufsuchen.

Standort

Edellaubwälder, kultiviert in Gärten.

Merkmale

Rhizomstaude, breit-lanzettliche Laubblätter paarweise erscheinend, kleine, glockenförmige, weiße, stark duftende Blüten im Mai in Trauben. Im Sommer reifen die wie die ganze Pflanze giftigen roten Beeren.

Ähnliche Arten

Weißwurz, Salomonssiegel *(Polygonatum)* mit blauen giftigen Beeren.

Die orangeroten Beeren des Maiglöckchens verleiten zum Naschen.

Duft-Salomonssiegel oder Duft-Weißwurz *(P. odoratum)* kommt in Föhrenwäldern vor. Die blauen Beeren könnten mit Heidelbeeren verwechselt werden. Die ganze Pflanze, vor allem die Früchte, enthalten giftige Saponine, die Übelkeit und Durchfall auslösen.

Gefährliches Muttertagssträußchen?

Immer wieder geistern Schreckensmeldungen über Vergiftungen bei Kindern durch das Maiglöckchen-Pflücken oder versehentlich getrunkenes Blumenwasser durch die Medien. Beim Pflücken kann es durch die Pflanzensäfte in Verbindung mit Schweiß und Sonnenlicht zu Hautreizungen kommen, gefährliche Vergiftungen sind jedoch ausgeschlossen. Ebenso konnte in Tierversuchen die Giftigkeit des Blumenwassers nicht bestätigt werden. Sicher empfiehlt es sich nicht, Wasser, in dem Giftpflanzen für längere Zeit gestanden haben, zu trinken, jedoch wird es außer Magen-Darmreizungen zu keinen schwer wiegenden Vergiftungen, schon gar nicht zu tödlichen kommen. Das gilt auch für die Narzisse.

Osterluzeigewächse

Aristolochiaceae

Zur vorwiegend tropischen Familie der Osterluzeigewächse zählen in der heimischen Flora nur eine Art als Gartenpflanze und zwei als seltene Kübelpflanzen. Die Blüten haben ein pfeifenartiges Aussehen, was den Pflanzen neben dem meist windenden Wuchs auch den Namen Pfeifenwinde verlieh. Bei den Blüten der Osterluzei-Verwandtschaft handelt es sich um Kesselfallen, ähnlich wie bei den Blütenständen des Aronstabes. Insekten werden durch Reusenhaare im Inneren der Blüte eingesperrt und erst nach erfolgter Einstäubung mit Pollen wieder freigelassen.

Gewöhnliche Osterluzei

(Aristolochia clematitis)

Die Früchte regen zum Spielen an, wegen des intensiven Geruchs wird jedoch kaum davon gegessen.

GEFÄHRLICH FÜR KINDER

Vor allem die heimische Osterluzei sondert schon bei Berührung stark riechende Stoffe ab, die zu Kopfschmerzen und mitunter zu Übelkeit führen können. Dies allein sollte vor dem Genuss der Pflanze oder der birnenähnlichen, aber trockenen Früchte schützen.

GIFTWIRKUNG

Selten Kopfschmerzen und Übelkeit.

ERSTE HILFE

Nur bei Aufnahme großer Mengen ist ärztliche Hilfe erforderlich, sonst viel trinken lassen.

Standort

Saumgesellschaften vorwiegend im Auenbereich – auch Weingartenränder und sehr trockene Robinienhaine.

Merkmale

Bis 80 cm hohe, zunächst aufrecht wachsende, Rhizom bildende Staude mit herzförmigem Laub und relativ kleinen, gelben, etwas löffelförmigen Blüten im Frühsommer. Danach neigt sich die Pflanze, wird überhängend und bildet birnenförmige, grüne Früchte von der Größe eines kleinen Hühnereies.

Die Gewöhnliche Osterluzei *(Aristolochia clematitis)* sondert bei Berührung stark riechende Stoffe ab.

Hahnenfußgewächse

Ranunculaceae

Die Hahnenfußgewächse gehören zu den wichtigsten Familien der nördlichen gemäßigten Breiten und damit auch der heimischen Flora. Doch auch auf der Südhemisphäre und in den Gebirgen wärmerer Regionen sind sie zu finden. Diese Pflanzenfamilie wird kaum durch gemeinsame Merkmale zusammengehalten. Die Gifte der Hahnenfußgewächse sind sehr unterschiedlich.

Eisenhut *(Aconitum)*

In Gärten, in denen Kinder spielen, sollte der gefährliche, stark giftige Eisenhut nicht angepflanzt werden.

GEFÄHRLICH FÜR KINDER

Die Giftstoffe werden auch durch Schleimhäute und die unverletzte, v.a. feuchte Haut aufgenommen. Kinder können mit den auffällig geformten Blüten spielen oder beim Blumenpflücken mit Pflanzensäften in Berührung kommen. Auch bei unbeabsichtigtem Kontakt wie dem Durchlaufen eines Eisenhutbestands kann es zu Vergiftungen kommen. Kinder sollen rechtzeitig vor dieser gefährlichen Giftpflanze gewarnt werden.

GIFTWIRKUNG

Die Giftstoffe sind in der ganzen Pflanze enthalten und bleiben auch nach dem Trocknen gefährlich. Nach Aufnahme setzen Vergiftungserscheinungen sehr schnell ein (ca. 10 – 20 Minuten). Es beginnt mit Kribbeln und

Zu den giftigsten Pflanzen Europas zählt der Blaue Eisenhut *(Aconitum napellus)*.

Brennen im Mund, gefolgt von Schweißausbrüchen, Frösteln und Gefühllosigkeit am ganzen Körper. Später setzten krampfartiges Erbrechen und Durchfälle ein, es kommt zu Muskellähmung und extremen Schmerzen. Der Tod erfolgt durch Atemlähmung und Herzversagen, das Bewusstsein bleibt jedoch bis zuletzt erhalten.

ERSTE HILFE

Bei Berührung mit den Fingern gründlich Hände waschen. Je nach Dauer des Kontaktes Arzt aufsuchen oder Patienten sorgfältig beobachten.

Bei oraler Aufnahme, auch von kleinen Mengen, sofort das nächste Krankenhaus aufsuchen! Auf dem Weg dorthin Erbrechen lassen, Medizinalkohle verabreichen.

Bittere Giftstoffe bei Scharbockskraut

Scharbockskraut *(Ficaria)* ist ein Wildgemüse. Die frisch austreibenden Laubblätter sind nahezu giftfrei und reich an Vitamin C. Die Pflanze ist also wirksam gegen die Vitamin-C-Mangelkrankheit Skorbut, die dem Kraut den Namen verleiht. Später im Jahr reichern sich die bitteren Giftstoffe an. Ab Beginn der Blütezeit sollten die Blätter nicht mehr gegessen werden. Schon der bittere Geschmack hält aber davon ab. Allfällige Vergiftungen durch zu spät geerntetes oder in zu großer Menge verzehrtes Scharbockskraut sind selten bedeutend.

Standort

Die typischen blau bis violett blühenden Arten sind meist Weidebeikräuter oder wachsen in Gebüschen höherer Lagen. Gelb blühende Arten sind meist in Edellaubwäldern und an deren Rändern zu finden. Einige heimische und exotische Arten sowie Hybriden werden in Gärten gezogen.

Merkmale

Rhizom- oder Knollenstauden mit handförmig gelappten bis geschlitzten Laubblättern. Die Grundblätter bilden eine Rosette. Blüten in Trauben oder Rispen, mit typischer Form – oberstes Blumenblatt einen Helm bildend. Sammelfrüchte. Eisenhut-Arten gehören mit den Herbstzeitlosen zu den giftigsten Pflanzen Europas!

Ähnliche Arten

Bis auf die Blütenform sehr ähnlich und in der Giftwirkung schwächer ist der nahe verwandte Rittersporn *(Delphinium)*, eine beliebte Gartenstaude. In der Blütenform dem Rittersporn ähnlich ist der einjährige Ackerrittersporn *(Consolida)*.

Giftigkeit bei Hahnenfuß überbewertet

Beim Blumenpflücken von Hahnenfuß *(Ranunculus)* können Hautreizungen bis hin zur Blasenbildung auftreten. Vergiftungen sind aber nicht zu erwarten. Die Giftigkeit ist allgemein bekannt und wird oft überbewertet.

Auch hier hält der bittere Geschmack Kleinkinder von der oralen Aufnahme ab. Der Name Hahnenfuß bezieht sich übrigens auf die Blattform einiger Arten.

Nieswurz *(Helleborus)*, Schneerose und Lenzrose

Die weißen Blüten, oft mitten im Schnee, verlocken zum Pflücken. Der bittere Geschmack der Pflanze verhindert aber die weitere Aufnahme.

GEFÄHRLICH FÜR KINDER

Die schönen, weißen bis purpurnen Blüten blühen zu einer Zeit, in der andere Pflanzen noch Winterruhe halten. Das lockt zum Pflücken. Werden danach die Hände gut gewaschen, sind keine weiteren Vergiftungssymptome zu erwarten. Die Pflanzenteile schmecken stark bitter und das verhindert normalerweise eine weitere Aufnahme. Die Samenkapseln, zum Basteln und Spielen verwendet, verlocken schon eher, in den Mund gesteckt zu werden. Vorsicht ist geboten.

GIFTWIRKUNG

Die Pflanzen wurden früher zur Niespulverproduktion verwendet. Dabei sind alle Pflanzenteile giftig. Nach der Aufnahme kommt es zum Kratzen im Mund und Rachen, Erbrechen, Durchfall, Atemnot, Herzrhythmusstörungen, im schlimmsten Fall Tod durch Atemlähmung.

ERSTE HILFE

Bei oraler Aufnahme soll das nächste Krankenhaus aufgesucht werden. Auf dem Weg dorthin Erbrechen lassen, Medizinalkohle verabreichen.

Standort

Je nach Art unterschiedliche Waldtypen, vorzugsweise über Kalk. Schneerosen *(Helleborus niger)* sind in Bergwäldern und auf der Alm zu finden. Im Südosten Österreichs Hecken-Nieswurz *(H. dumetorum)* in Auwäldern oft flächendeckend. Als Gartenpflanze dienen vorwiegend die Lenzrose *(H. orientalis)* und ihre Hybriden.

Schneerosen *(Helleborus niger)*

Merkmale

Oft wintergrüne Rhizomstauden mit fuß- oder handförmigen Laubblättern in Rosetten. Blüten einzeln oder in Rispen. Die Blüten erscheinen vorwiegend im Vorfrühling meist grün, manchmal weiß oder purpurn, mitunter purpurn getupft. Sie vergrünen später und bleiben bis zur Fruchtreife erhalten. Sammelbalgfrucht.

Verwandte Arten

Trollblume *(Trollius)*, heimisch in Feuchtwiesen und auch in Gärten verwendet.

Mohngewächse

Papaverceae

Chemisch gesehen enthalten alle Mohngewächse Opiate und führen einen weißen oder farbigen Milchsaft, der sich an der Luft meist verfärbt. Die Frucht ist eine Kapsel.

Die Blüten des Schlaf-Mohns *(Papaver somniferum)* gibt es in mehreren Farben.

Da auch die reifen Kapseln noch Giftstoffe enthalten, werden sie für floristische Zwecke entgiftet. Vergällung (Ungenießbarmachen) ist eine Methode, um die Herstellung von Opiattees zu unterbinden. Auch illegal angewandte Klatschmohntees zur "Beruhigung" von Kindern sind Opiattees!

Schlaf-Mohn *(Papaver somniferum)*

Jugendliche experimentieren gelegentlich zwecks Bewusstseinsveränderung mit Mohnkapseltee. Vergiftungen dabei sind häufig.

GEFÄHRLICH FÜR KINDER

Die lustigen Samenkapseln reizen zum Spielen und Basteln. Keinesfalls daran lutschen oder kauen lassen! Die Mohnsamen selbst sind ungefährlich.

GIFTWIRKUNG

Der Wirkstoffgehalt schwankt sortenabhängig stark. Vergiftungen sind immer wieder durch missbräuchliche Verwendung oder Verabreichung so genannter Beruhigungstees an Säuglinge aufgetreten. Die ganze Pflanze und besonders die unreifen Kapseln enthalten eine Mischung verschiedenster Alkaloide, die auf das Zentralnervensystem, insbesondere auf das Atemzentrum wirken. Bei Vergiftung kann es zu Erbrechen, narkoseartigen Zuständen, Krämpfen und zuletzt Atemlähmung kommen. In der Floristik verwendete Samenkapseln werden zuvor entgiftet.

ERSTE HILFE

Bei Verdacht der Aufnahme von Samenkapseln Arzt oder Krankenhaus aufsuchen. Medizinalkohle verabreichen.

Standort

Wird feldmäßig angebaut, verwildert in Äckern und an Ruderalstellen – auch als Zierpflanze verwendet.

Merkmale

Einjährige, bis meterhohe Pflanze mit blaugrünem, Stängel umfassendem, einfachem bis fiederlappigem Laub. Kapsel kugelig.

Ähnliche Arten

Gefüllt blühende Ziersorten des Schlaf-Mohns werden fälschlich als *P. paeoniflorum* bezeichnet, um ihre Giftigkeit zu verschleiern. Andere Mohn-Arten und verwandte Gattungen sind viel weniger opiathältig.

Schöllkraut

Das gelb blühende Schöllkraut *(Chelidonium majus)* wird von Kindern gerne gepflückt. Faszinierend ist auch der orangegelbe Milchsaft. Er richtet zwar weder auf der Haut noch im Mund großen Schaden an, kann aber ins Auge gerieben zu ernsten Gefahr werden. Spritzt gar Saft ins Auge, ist Erblinden möglich! Erste Hilfe: Mit Wasser auswaschen, sofort Arzt aufsuchen!

Buchsbaumgewächse

Buxaceae

Buchsbaumgewächse kommen auf allen Kontinenten vor. Dennoch ist ihr Verbreitungsgebiet sehr zerrissen. Das größte zusammenhängende Vorkommen findet man in Südostasien. Es gibt nur vier Gehölzgattungen mit nicht mehr als 70 Arten.

Europäischer Buchsbaum

(Buxus sempervirens)

Größere Mengen werden vom Menschen kaum aufgenommen, die Giftwirkung ist gering.

GEFÄHRLICH FÜR KINDER

Die harten Fruchtkapseln können zum Spielen verwendet werden – dass sie oder die Blätter gegessen werden, ist eher unwahrscheinlich.

GIFTWIRKUNG

Nach Aufnahme größerer Mengen Blätter oder Früchte Übelkeit, Erbrechen, Durchfall, Schwindel, Krämpfe, Kollaps und Atemlähmung möglich.

ERSTE HILFE

Beobachtung des Patienten, evtl. Medizinalkohle verabreichen. Beim Auftreten von Vergiftungssymptomen Arzt aufsuchen.

Standort

Trockengebüsche, steinig-trockene Wälder, gelegentlich verwildert und in Gärten gepflanzt.

Merkmale

Immergrüner Baum oder Strauch; Laubblätter eiförmig, ledrig, glänzend, unscheinbare Blüten in Knäueln in den Blattachseln, Frucht eine Kapsel; ganze Pflanze aromatisch riechend.

Ähnliche Arten

Auf den Balearen, in Südspanien und auf Sardinien der Balearen-Buchsbaum *(B. balearica)*, in Gärten gelegentlich der Japan-Buchsbaum *(B. microphylla)*. Weitere Gartenpflanzen sind Dickanthere oder Ysander *(Pachysandra terminalis)* und Süßbuchs *(Sarcococca humilis)*.

Der Europäische Buchsbaum *(Buxus sempervirens)* als Beeteinfassung im Kräutergarten.

Sandelholzgewächse

Santalaceae

Sandelholzgewächse sind vorwiegend tropische Gehölze, die an den Wurzeln anderer Pflanzen schmarotzen. In der heimischen Flora sind sie durch den krautigen Bergflachs *(Thesium)* und die Mistel *(Viscum)* vertreten. Misteln sind für die Familie untypische Gewächse. Sie sind Halbschmarotzer, allerdings nicht an den Wurzeln sondern im Kronenbereich von Gehölzen. Sie haben keine Verbindung zum Boden mehr. Eine solche Wuchsform ist auch für eine andere Familie, die Eichenmistelgewächse *(Loranthaceae)* typisch. Aufgrund des abweichenden Aussehens werden Misteln oft als eigene Familie der Mistelgewächse *(Viscaceae)* angesehen. In diesem Fall müsste aber die gesamte Familie der Sandelholzgewächse in einige kleinere Familien aufgespalten werden.

Laubholz-Mistel *(Viscum album)*

In den Früchten sind wenig bis keine Giftstoffe enthalten, in der Natur befinden sie sich meist unerreichbar in hohen Baumkronen.

GEFÄHRLICH FÜR KINDER

Die Pflanze wird gerne als Adventschmuck verwendet. Kinder kommen dann leicht an die weißen Beerenfrüchte – im Gegensatz zum natürlichen Standort in den Kronen hoher Bäume. Da die Früchte jedoch sehr klebrig sind und bitter schmecken, werden kaum größere Mengen aufgenommen.

GIFTWIRKUNG

Die Inhaltsstoffe sind abhängig von der Wirtspflanze: Auf Ahorn, Linde, Walnuss, Pappel und Robinie gilt sie als giftig. Die ganze Pflanze enthält toxische Stoffe, in den weißen Beeren fehlen sie weit gehend. Vergiftungen durch Tees oder Beeren sind unbekannt. Möglicherweise kann das frische Kraut bei Einnahme zu lokalen

Die Laubholz-Mistel *(Viscum album)* wird als Adventschmuck verwendet.

Reizungen oder unsachgemäße medizinische Anwendung zu Vergiftungen führen.

ERSTE HILFE

Mund ausspülen, viel trinken lassen, Patienten beobachten.

Standort

Auf diversen Laubhölzern, besonders Weichhölzern. Kommt an Buchengewächsen (Eiche, Buche, Edelkastanie) kaum vor.

Miraculix und die Misteln

Misteln fanden wegen ihrer Inhaltsstoffe schon vor langer Zeit Verwendung in der Medizin. Schon bei den Kelten war die Mistel ein wichtiges Kraut bei verschiedenen Ritualen. Wenn auch bei Asterix etwas verzerrt dargestellt, so lief die Mistelernte doch unter einem streng geregelten Ritus ab: Am 6. Tag nach Neumond, wenn der Mond eine schöne Sichel bildet, zieht eine vom Druiden geleitete Prozession los. Gleich hinter ihm werden zwei Opfertiere geführt. Schließlich bildet die Menge einen Kreis um die vom Druiden ausgewählte Eiche mit der gelbbeerigen Eichenmistel. Während der Druide Gebete singend mit seiner Goldsichel Misteln schneidet, die ohne weitere Berührung in ein weißes Tuch fallen, werden die Tiere geopfert. Ob die Pflanzen so wirkungsvoller waren als ohne Ritual abgeschnitten, verliert sich im Dunst der Jahrhunderte.

Merkmale

Immergrüner, halbschmarotzender Strauch; Laubblätter lanzettlich, ledrig, Pflanze zweihäusig, Beeren rein weiß.

Ähnliche Arten

Die Tannen-Mistel *(V. abietis)* ist eng an die Tanne gebunden, die Föhren-Mistel *(V. laxum)* schmarotzt an Föhren, weicht aber gelegentlich auf Fichten aus.

Misteln schmarotzen in Baumkronen, hier die Laubholz-Mistel auf einem Apfelbaum.

Wolfsmilchgewächse

Euphorbiaceae

Die vielgestaltige, große Familie hat unscheinbare, aber sehr unterschiedliche Blüten. Die meisten Pflanzen führen einen weißen Milchsaft.

Zur Gattung Wolfsmilch

Die mit etwa 2300 Arten größte Gattung der Familie ist die Wolfsmilch *(Euphorbia)*. Die Gattung zeichnet sich durch eine spezielle Blütenstandsform aus – das Cyathium, bei dem eine weibliche Blüte von mehreren männlichen und von unauffälligen Hochblättern umgeben ist.

Weihnachtsstern

(Euphorbia (Poinsettia) pulcherrima)

Der Milchsaft reizt Haut und Schleimhaut. Die roten Hochblätter des Weihnachtssterns könnten kleine Kinder verlocken, hineinzubeißen.

Ob giftig oder nicht – der Weihnachtsstern *(Euphorbia (Poinsettia) pulcherrima)* ist überaus beliebt.

GEFÄHRLICH FÜR KINDER

Der Weihnachtsstern als beliebter Adventschmuck steht meist im unmittelbaren Umfeld von Kindern. Vor allem Kleinkinder können die auffälligen Hochblätter schon einmal probieren bzw. beim Abreißen mit dem Milchsaft in Kontakt kommen.

GIFTWIRKUNG

Die Giftwirkung des Weihnachtssterns ist heftig umstritten. Von „giftfrei" bis „stark giftig" reichen die Angaben in der Literatur. Bewiesen ist, dass einige Zuchtsorten weniger giftig als andere sind, allerdings ist das optisch nicht feststellbar. Vorsichtig sollte man in jedem Fall sein, denn der Milchsaft reizt (Schleim)haut und Augen und steht wie auch der Blütenpollen in Verdacht, allergische Reaktionen auszulösen. Innerlich aufgenommen kann es zu Übelkeit, Erbrechen, Durchfall und Benommenheit kommen.

ERSTE HILFE

Bei Kontakt Milchsaft gründlich abwaschen, bei allergischen Reaktionen Kontakt meiden. Wird mehr als ein Blatt gegessen, Arzt aufsuchen.

Standort

Aus Mexiko stammende Zimmerpflanze.

Merkmale

Stark Milchsaft führender Strauch mit spitzlappigen Blättern; *Cyathien* (siehe Kasten Wolfsmilch) gelb, Hochblätter rot, auch rosa oder gelblich weiß, mitunter gefleckt.

Ähnliche Arten

Zimmerpflanzen: Christusdorn *(Euphorbia millii)*. Stammsukkulente Euphorbien werden oft mit Kakteen verwechselt, haben jedoch giftigen weißen Milchsaft und unscheinbare Blüten. Garten und Wildstandorte: Etliche grünliche einjährige und auffälligere staudige Arten sind heimisch. In Kultur sind auch einige Exoten. Sie blühen grünlich-gelb bis feurig orange; die Zypressen-Wolfsmilch *(Eu. cyparissias)* gehört zu den giftigsten. Als Sommerblume findet Schnee-auf-dem-Berge oder Gartenedelweiß *(Eu. marginata)* Verwendung. Spring-Wolfsmilch *(Eu. lathyris)* soll angeblich Wühlmäuse vertreiben.

Rizinus

(Ricinus communis)
Wunderbaum, Palma Christi

In Gärten, in denen Kinder spielen, sollte diese hochgiftige, leider wohlschmeckende Pflanze nicht gesetzt werden.

GEFÄHRLICH FÜR KINDER

Die attraktiv gefleckten Samen verleiten zum Spielen und durch den angenehm an Nüsse erinnernden Geschmack leider auch zum Essen.

Rizinus *(Ricinus communis)* ist eine hochgiftige einjährige Gartenpflanze.

Die roten Früchte sind zwar schön, doch für Kinder ist der so genannte Wunderbaum höchst gefährlich.

GIFTWIRKUNG

Die Samen der imposanten Pflanze enthalten hochgiftige Substanzen, die bereits in geringen Dosen tödlich wirken können. Für Kinder gelten 5 bis 6 Samen als tödlich, für Erwachsene 10 bis 20. Nach Aufnahme kommt es zu Übelkeit, blutigem Erbrechen, Durchfall, Nierenentzündung und zuletzt Kreislaufkollaps. Zu Vergiftungen bei Haustieren ist es schon durch Fressen von rizinusschrothältigem Düngemittel gekommen. Andererseits ist die Pflanze eine wichtige Öl-Nutzpflanze. Die Pressrückstände werden nach Giftentfernung durch Erhitzen als Viehfutter genutzt.
Ricinus kann auch heftige Allergien auslösen.

ERSTE HILFE

Nach dem Verzehr von Samen sofort in das nächste Krankenhaus bringen! Auf dem Weg dorthin (Erbrechen auslösen), Medizinalkohle verabreichen.

Standort

Ruderalfluren; bei uns nur als einjährige Gartenpflanze.

Merkmale

Bis 4 m hoher Halbstrauch; Laub handförmig, Stängel hohl, Blüten in endständigen Rispen, männliche Blüten im unteren Blütenstandsteil, weibliche oben; Kapseln dreifächrig, dicht bestachelt; Samen bohnenähnlich, gefleckt.

Die bohnenartigen Samen von Rizinus schmecken nach Nüssen; 5 bis 6 Samen können für ein Kind tödlich sein.

Schmetterlingsblütler

Fabaceae

Durch die Schmetterlingsblüten ist diese Familie unverwechselbar. Der Fruchtknoten entwickelt sich wie bei den nächst verwandten Familien zu einer Hülse. Die Familien der Akaziengewächse *(Mimosaceae)*, Johannisbrotgewächse *(Caesalpiniaceae)*, Judasbaumgewächse *(Bauhiniaceae)* und Schmetterlingsblütler werden daher unter dem Sammelbegriff Hülsenfrüchter zusammengefasst. Neben Hülsen treten aber auch Nüsse wie die Erdnuss auf. Typisch für Schmetterlingsblütler sind auch unpaarig gefiederte Blätter. Giftpflanzen kommen häufig vor, sogar unter den Nutzpflanzen.
Die Gifte sind meist nicht hitzebeständig.

Goldregen *(Laburnum)*

Der gefährliche Goldregen darf von Kindern nicht erreicht werden. Gelbe Blütentrauben und bohnenartige Früchte locken zum Spiel und in die tödliche Falle.

Der üppig blühende Gewöhnliche Goldregen *(Laburnum anagyroides)* ist viel gefährlicher, als er aussieht.

GEFÄHRLICH FÜR KINDER

Kinder spielen gerne mit den massenhaft am Strauch hängenden Früchten, wobei als tödliche Dosis für Kleinkinder bereits 3 bis 4 Früchte bzw. 15 bis 20 Samen gelten. Auch die Blüten werden manchmal ausgelutscht oder mit den weißen, ungiftigen der Scheinakazie verwechselt und gegessen. Auf Goldregen soll in Gärten, in denen Kleinkinder spielen, bzw. im Nahbereich von Spielplätzen verzichtet werden.

GIFTWIRKUNG

Goldregen beinhaltet in der ganzen Pflanze starke Giftstoffe, besonders in den Hülsen mit den bohnenartigen Samen, den Blüten und den süßlich schmeckenden Wurzeln. Schlimme Vergiftungen werden meist nur dadurch verhindert, dass bald nach Aufnahme heftiges Erbrechen einsetzt. Vergiftungssymptome treten meist rasch nach Aufnahme auf (1/4 bis 1 Stunde) und ähneln denen einer Nicotinvergiftung: Brennen im Mund- und Rachenraum, Speichelfluss, Schweißausbruch, Übelkeit und anhaltendes Erbrechen, in schweren Fällen Sinnestäuschungen und Wahnideen (Delirium), Krämpfe und Tod durch Atemlähmung.

ERSTE HILFE

(Erbrechen auslösen), viel trinken lassen, sofort nächstes Krankenhaus aufsuchen.

Standort

Lichte, trockene Wälder, Parks, Gärten. Merkmale: Strauch mit dreiteiligen, kleeartigen Laubblättern. Blüten in hängenden Trauben, gelb. Frucht eine Hülse mit glänzenden Samen.

Ähnliche Arten

Der Pfropfbastard *+Laburnocytisus adamii* enthält Zellen des Gewöhnlichen Goldregens *(L. anagyroides)* und des Purpur-Zwerggeißklees *(Chamaecytisus purpureus)*. Meist gleicht er dem Goldregen, ein Teil der Blütenstände ist aber rosa gefärbt. Einzelne Blütenstände können auch dem Purpur-Zwerggeißklee ähneln. Die Giftwirkung gleicht der des Goldregens.

Als tödliche Dosis für Kleinkinder gelten bereits drei bis vier der bohnenartigen Samen des Goldregens.

Garten-Bohne

Fisole *(Phaseolus vulgaris)*

Die vermeintlich harmlose Gartenbohne oder Fisole kann roh gegessen zu schweren Vergiftungen führen.

GEFÄHRLICH FÜR KINDER

In Unkenntnis über die Giftigkeit verzehren Kinder immer wieder rohe Bohnen. Gelegentlich findet man sie in Natur-Rasseln oder sie werden von Eltern zum Spielen angeboten. Vergiftungsfälle passieren auch im Rahmen alternativer Ernährung, wenn Bohnen als Rohkost verzehrt werden.

GIFTWIRKUNG

Rohe Bohnen oder rohe Fisolen können Erbrechen, Durchfälle, kolikartige Bauchschmerzen und Kreislaufkollaps verursachen. Todesfälle sind bekannt.

ERSTE HILFE

(Erbrechen lassen), Medizinalkohle verabreichen, Arzt oder Krankenhaus aufsuchen.

Favismus

Bei einer nicht seltenen genetisch bedingten Blutanomalie führen auch rohe Samen der Echten Bohne oder Saubohne *(Vicia faba)* wie das Einatmen des Blütenstaubes zu Favismus, einer allergischen Erkrankung, die zum Tod führen kann. Anämie, Bluthamn und Gelbsucht sind ihre Symptome.

Die Garten-Bohne oder Fisole *(Phaseolus vulgaris)* ist giftiger, als man denkt.

Standort

Gemüsepflanze, in Gärten und selten feldmäßig gebaut.

Merkmale

Je nach Sorte etwa 30 cm hoch, steif aufrecht wachsendes Kraut oder etwa 3 m lang windende Kletterpflanze, einjährig, Laub aus rhombischen Blättchen dreiteilig zusammengesetzt; Blüten in zwei bis sechs Paaren in Trauben, Frucht glatt; Samen ein- oder mehrfärbig.

Ähnliche Arten

Für die immer windenden Feuer-Bohnen *(Ph. coccineus)* mit scharlachroten oder weißen Blüten in sechs bis zehn Paaren, mit rauen Früchten und lila, meist schwarz gefleckten Samen gilt dasselbe wie für Garten-Bohnen. Die bei uns kaum erhältliche Lima-Bohne *(Phaseolus lunatus)* enthält außerdem oft noch das Blausäureglykosid Linamarin, das hitzebeständig, aber wasserlöslich ist. Die Bohnen werden 1 – 2 Tage bei mehrmaligem Wasserwechsel eingeweicht, das Kochwasser wird weggeschüttet.

Weitere giftige Schmetterlingsblütler

Das Giftprinzip ist bei allen genannten Arten ähnlich, jedoch durchwegs schwächer als beim Goldregen. Vorsicht ist angebracht. Beim Verzehr größerer Mengen an Samen ist ein Arzt oder Krankenhaus aufzusuchen.

Blauregen *(Wisteria)*; Robinie, „Agazi" auch Falsche Akazie *(Robinia)*; Lupine *(Lupinus)*; Korallenstrauch *(Erythrina)*; Ginster *(Genista)*; Geißklee *(Cytisus)*; Erbsenstrauch *(Caragana)*; Blasenstrauch *(Colutea)*.

Rosengewächse

Rosaceae

Rosengewächse sind eine vielgestaltige und artenreiche Familie. Das typische Rosengewächs ist ein Gehölz und wird von Insekten bestäubt, doch gibt es auch verschiedenste Wald- und Wiesenstauden, ja sogar Einjährige. Eine nicht unbedeutende Artenzahl lässt sich vom Wind bestäuben. Die typischen Blüten sind fünfzählig, die Früchte meist Sammelnussfrüchte, auch wenn sie beerenartig wirken. Bei Erdbeere und Hagebutte ist das „Fruchtfleisch" lediglich ein umgebildetes Stück Stängel. Aber auch echte Steinfrüchte und Beeren kommen vor. Ein botanischer Spezialfall sind die „Apfelfrüchte".

Lorbeer-Kirsche *(Prunus laurocerasus)*
Kirschlorbeer

Die blauschwarzen Steinfrüchte schmecken zwar bitter, reizen aber zum Naschen. Unzerkaute Samen führen wie bei der Eibe nicht zu Vergiftungen.

GEFÄHRLICH FÜR KINDER

Werden die Samen unzerkleinert ausgespuckt und keine Blätter gegessen, ist eine Vergiftung eher unwahrscheinlich. Ein Zerkauen der im Stein eingeschlossenen Samen ist bei Fruchtreife nicht möglich.

GIFTWIRKUNG

Kopfschmerzen und Schwindel, Kratzen im Hals, Übelkeit und Erbrechen, Gesichtsrötung, Atemnot, Herzstillstand.

ERSTE HILFE

Nur nach Verzehr von zerkleinerten Samen oder Blättern erforderlich, (Erbrechen auslösen), viel Trinken lassen.

Obwohl Blausäure beim Kochen entweicht, sollte Kirschlorbeer nicht mit Lorbeer verwechselt werden!

Standort

Verbreiteter Park- und Gartenstrauch.

Merkmale

Strauch bis Baum mit großen, dunkelgrün glänzenden, immergrünen, blausäureglykosidhaltigen Laubblättern; Blüten weiß, in Trauben; Steinfrüchte bei Reife schwarz, bitter und schwach giftig, der Steinkern aber stark blausäureglykosidhaltig.

Blausäure in den Kernen ist unbedenklich

Blausäureglykoside in den Samen sind für Rosengewächse kennzeichnend. Sie stören aber meist nicht. Wenn eine Frucht wie die Erdbeere samt den Samen gegessen wird, scheidet der Körper die Samen (Nüsse) unverdaut wieder aus. Größere Samen wie Apfelkerne werden selten mitgegessen. Eine höhere Dosis dieser Kerne könnte aber theoretisch, wenn sie zerbissen werden, Vergiftungserscheinungen auslösen. Werden die giftigen Samen aber zerbissen, so hindert der bittere Geschmack üblicherweise an einer weiteren Aufnahme. Hinzu kommt noch, dass die aufgenommenen Blausäureglykoside im Körper nicht unter idealen Bedingungen abgebaut werden (im Magen ist es dafür zu sauer, im Dünndarm zu alkalisch), wodurch die giftige Blausäure langsam freigesetzt und vom körpereigenen Entgiftungsmechanismus in weniger gefährliche Substanzen umgebaut wird.

Ernsthafte Blausäurevergiftungen treten nur auf, wenn große Mengen von Pflanzenteilen mit hohem Giftgehalt verzehrt werden. Bei den Mandeln, die aus der Küche nicht mehr wegzudenken sind, wurden blausäurefreie bzw. -arme Sorten gezüchtet. Blausäurereiche Bittermandeln sollten nicht in größeren Mengen verzehrt werden (ebenso die ersatzweise verwendeten Pfirsichkerne), sie kommen aber ohnehin nicht in den Handel.

Weitere Gattungen

Beeren tragende Rosengewächse (häufig Grund für Anfragen bei den Vergiftungszentralen), die in den Samen und/oder Blättern unterschiedliche Mengen an Blausäureglykosiden beinhalten, jedoch erst bei übermäßigem Verzehr bzw. Zerkauen der Samen Vergiftungssymptome auslösen können:

Amelanchier – Felsenbirne (Früchte essbar)
Chaenomeles – Zierquitte (Früchte essbar)
Cotoneaster - Zwergmispel, Strauchmispel (je nach Art unterschiedlicher Cyanidgehalt, Vergiftungen jedoch unwahrscheinlich)
Cydonia – Quitte (Früchte essbar)
Malus – Apfel (Früchte auch der Zierapfelsorten essbar)
Prunus – Zierkirschen (je nach Art und Sorte unterschiedlicher Cyanidgehalt)
Prunus spinosa – Schlehdorn (Früchte essbar)
Pyracantha - Feuerdorn
Sorbus aucuparia – Eberesche (in rohem Zustand mitunter Darm reizende Inhaltsstoffe, werden beim Kochen abgebaut)
Sorbus-Arten – Elsbeere, Mehlbeere, Speierling u.a. (Früchte essbar)

Rosengewächse ohne Blausäureglykoside, alle mit essbaren Früchten:

Crataegus - Dorn
Mespilus - Mispel
Pyrus – Birne

Maulbeergewächse

Moraceae

Maulbeergewächse sind vorwiegend tropische Gehölze. Es gibt aber auch krautige Arten und Arten gemäßigter Breiten. Die Blüten sind einfach gebaut und unscheinbar, sitzen immer in dichten Blütenständen und sind als Einzelblüten nicht erkennbar. Die einzelnen Früchte sind Nüsse oder Steinfrüchte. Wir nehmen sie nicht wahr, da der ganze Fruchtverband mit dem vermeintlichen Fruchtfleisch ins Auge sticht. Es wird regelrecht eine einzelne Frucht vorgetäuscht.

Maulbeergewächse enthalten einen Milchsaft *(Latex)*, der Schleimhaut reizend wirkt, für uns aber nicht allzu giftig ist. Auf wechselwarme Wirbeltiere, vor allem Fische, wirken geringe Dosierungen tödlich. Mit der Reife verschwindet der Saft aus den Fruchtständen und sie werden essbar. Die meisten Arten gehören der Gattung *Ficus* an.

Birken-Feige *(Ficus benjamina)*

Gegen Latex allergische Personen sollten Birken-Feigen meiden. Die auch als Benjaminbaum bezeichnete, beliebte Zimmerpflanze zählt zu den Allegieauslösern.

GEFÄHRLICH FÜR KINDER

Im Zuge der Häufung kindlicher Allergiefälle sollte auf Gummibäume als Zimmerpflanzen verzichtet werden.

GIFTWIRKUNG

Der Milchsaft ist Schleimhaut verätzend. Gravierender als die Giftwirkung sind die allergenen Eigenschaften. Weitgehend unbekannt ist Latex, das wichtigste „nicht-Pollen-Allergen". Die Birken-Feige gibt Latexpartikel auch durch Blätter

Die Birken-Feige *(Ficus benjamina 'Variegata')* löst Allergien aus.

Milchsaft als Aquariengift

Die Kletter-Feige wird, wie auch Efeutute oder Fensterblatt, mitunter in Aquarien als „Hydrokultur" zur Nitratreduktion gezogen. Feigen sind jedoch gefährlich, da aus frischen Wunden austretender Milchsaft rasches Fischsterben zur Folge hat.

und Rinde an die Raumluft ab, was durch häufiges Anstreifen verstärkt wird.

Unter Einwirkung von Sonnenlicht können durch den Milchsaft phototoxische Hautreaktionen auftreten. Nachdem Verzehr der Blätter sind keine ernsthaften Vergiftungen zu erwarten.

ERSTE HILFE

Kaum erforderlich, latex-allergische Personen sollten Birken-Feigen meiden.

Standort

Aus Südostasien stammende Zimmerpflanze.

Merkmale

Baum mit ledrigen, eiförmigen Blättern mit Traufspitze.

Andere Arten

Der Milchsaft von Gummibaum *(Ficus elastica)*, Echter Feige *(Ficus carica)* und Kletter-Feige *(Ficus pumila)* wirkt gleich, die Allergiebelastung ist geringer.

Die auffallenden Früchte des Osagedorns *(Maclura pomifera)* können zu Schleimhautreizungen führen.

Feigen mit Vorsicht genießen

Die Früchte der Echten Feige, *Ficus carica,* können bei empfindlichen Menschen ebenso wie der Milchsaft tropischer Gummibäume phototoxische Reaktionen auslösen. In beschädigten Früchten wurden außerdem Pilzgifte nachgewiesen, weshalb man nur einwandfreie Früchte und selbst gemachte Pürees essen sollte.

Früchte des Osagedorns

Die interessanten, eigenartig strukturierten, gelbgrünen Früchte des Osagedorns *(Maclura pomifera)* sind groß wie ein Tennisball und erfreuen sich neuerdings in der Floristik steigender Beliebtheit. Kinder könnten sie mit Obst verwechseln und kosten. Der unangenehme Geschmack wird jedoch den Verzehr größerer Mengen verhindern.

Kürbisgewächse

Curcubitaceae

Kürbisgewächse sind eine leicht erkennbare Familie. In den Blattachseln wachsen Ranken (umgewandelte Blütenstände) und sie haben gelbe oder weißliche, glocken- bis trichterförmigen Blüten. Es bilden sich weibliche und männliche Blüten an einhäusigen Pflanzen. Die Früchte sind Beeren, seltener Kapseln. Die Blätter sind meist handförmig gelappt, oft ist die ganze Pflanze mit spitzen Glashaaren besetzt, die leicht in die Haut eindringen und brechen.

Fast alle Arten enthalten charakteristische Bitterstoffe. Im Gegensatz zu Giftstoffen in anderen Früchten nehmen die Cucurbitacine bei den meisten Kürbisgewächsen mit der Fruchtreife zu.

Schwarze Zaunrübe

auch Weiße Zaunrübe *(Bryonia alba)*

Obwohl die Beeren unangenehm scharf schmecken, kommt es immer wieder zu schweren Vergiftungen.

GEFÄHRLICH FÜR KINDER

Die Pflanze sollte nicht im Garten oder im Bereich von Kinderspielplätzen geduldet werden.

GIFTWIRKUNG

Alle Pflanzenteile, besonders Beeren und Wurzeln, sind stark giftig und können Übelkeit, Erbrechen, blutigen Durchfall, Schwindelgefühl, Nierenreizung, Krämpfe und Koliken bis hin zur Atemlähmung auslösen. Ab 6 bis 8 Beeren treten Vergiftungserscheinungen auf, 15 gelten für Kinder tödlich. Der scharfe Pflanzensaft kann Hautreizungen mit Rötung und Blasenbildung bewirken.

Schwarze Beeren der Schwarzen Zaunrübe *(Bryonia alba)* sind sehr gefährlich, schon nach dem Verzehr von sechs Früchten können Vergiftungserscheinungen auftreten.

ERSTE HILFE

(Erbrechen auslösen), Medizinalkohle verabreichen, viel trinken lassen, bei mehr als 4 Beeren Arzt oder Krankenhaus aufsuchen.

Standort

Frische, nährstoffreiche Saumgesellschaften, Ruderalgesellschaften.

Merkmale

Kletternde Staude mit großer Rübenwurzel; Laubblätter handförmig gelappt, unregelmäßig scharf gezähnt; Blüten grünlich weiß; Beeren erbsengroß, schwarz.

Ähnliche Arten

Rote Zaunrübe *(B. cretica subsp. dioica)* mit roten Beeren.

Die Spritzgurke

Durch den Spritzmechanismus werden Kinder zum Spielen angeregt. In der Frucht der Spritzgurke *(Ecballium elaterium)* entwickelt sich bei Reife ein Überdruck und bei Berührung löst sie sich vom Stängel. Durch die so entstandene Öffnung spritzen die Samen aus der Frucht und verteilen sich in der Umgebung.

Eine Verwechslung mit Gurken ist wegen des bitteren, schleimigen Geschmacks eher unwahrscheinlich. Früher wurde die Spritzgurke als Abführmittel verwendet. Eingenommen kann die Pflanze heftige Durchfälle, Erbrechen, Koliken, Kopfschmerzen und Krämpfe verursachen, auch tödliche Vergiftungen sind bekannt. Äußerlich kann der Pflanzensaft Hautreizungen bewirken.

Bittere Früchte meiden!

Zu den Kürbisgewächsen gehören eine Reihe wichtiger Kulturpflanzen wie Gurken, Zucchini, Melonen und Kürbisse. Gelegentlich kann es durch Mutation zur Bildung giftiger Inhaltsstoffe kommen. Man sollte Früchte, die unerwartet bitter schmecken, auf alle Fälle wegwerfen. Auch Zierkürbisse enthalten Giftstoffe. Sie schmecken bitter und können nicht gegessen werden. Im Gegensatz zu den meisten anderen Früchten nimmt der Giftgehalt der Kürbisgewächse während der Reifung noch zu.

Spritzgurke *(Ecballium elaterium)*.

Seidelbastgewächse

Thymeleaceae

Seidelbastgewächse sind vorwiegend Gehölze und weltweit verbreitet, mit einem Schwerpunkt im tropischen Afrika und in Australien.
Sowohl in der Natur als auch im Garten spielt in unseren Breiten nur der Seidelbast *(Daphne)* selbst eine Rolle. In Gärten werden neben den heimischen Arten gelegentlich einige ebenso giftige Exoten gepflanzt.

Gewöhnlicher Seidelbast *(Daphne mezereum)*

Seidelbast ist für Kinder eine höchst gefährliche Giftpflanze! Die leuchtend roten Beeren können auch die Kleinsten leicht pflücken, da sie gut erreichbar sind.

GEFÄHRLICH FÜR KINDER

Die roten, saftigen Beeren auf dem Kleinstrauch erinnern an Johannisbeeren. Sie schmecken zwar scharf und unangenehm, doch reichen bereits wenige für schwerste Vergiftungen. Beim Erwachsenen gelten 10 bis 12 Beeren als tödliche Dosis. Außerdem verlocken die wohlriechenden Blüten zum Pflücken. Das Gift der Blüten, Rinde und Blätter kann schwere Hautverätzungen bewirken.

GIFTWIRKUNG

Der Blütenduft einiger Arten kann starke Kopfschmerzen auslösen. Die Früchte bewirken zunächst ein Brennen in Mund und Hals, Benommenheit, Brechreiz und blutige Durchfälle, später Schädigung von Nieren und Zentralnervensystem und Kreislaufkollaps. Vor allem für Kinder leicht tödlich. Für Vögel ungiftig.

Die roten Beeren des Gewöhnlichen Seidelbasts *(Daphne mezereum)* sind hochgiftig.

ERSTE HILFE

Bei Aufnahme sofort das nächste Krankenhaus aufsuchen. Auf dem Weg dorthin (Erbrechen lassen), Medizinalkohle verabreichen, viel trinken lassen. Bei Aufnahme über die Haut: betroffene Stellen mit viel klarem Wasser auswaschen, kühlende Umschläge; bei Blasenbildung oder offenen Wunden Arzt oder Krankenhaus aufsuchen.

Standort

Frische bis feuchte Laubwälder auf lehmigen Böden, bevorzugt an dunklen Stellen, in Gärten auch an sonnigen Stellen.

Merkmale

Sommergrüner Kleinstrauch mit verkehrt eiförmigem Laub. Blüten und Früchte sitzen direkt an den Ästen, am alten Holz. Die violettrosa Blüten erscheinen vor dem Laubaustrieb im Vorfrühling und werden vorwiegend von Zitronenfaltern bestäubt. Die erbsengroßen Steinfrüchte werden mit der Reife im Sommer rot und bleiben mitunter bis in den Frühherbst erhalten.

Ähnliche Arten

Ebenso gefährlich mit gleicher Giftwirkung ist der Lorbeer-Seidelbast *(Daphne laureola)*. Die grünlich-gelblichen Blüten erscheinen im Spätwinter/Vorfrühling in Rispen knapp unter dem belaubten Teil des Gehölzes oder zwischen dem Laub. Die Steinfrüchte reifen im Frühsommer und sind schwarz.

Das Stein- oder Heideröschen *(Daphne cneorum)*, auch Rosmarin-Seidelbast genannt, ist ein immergrüner Zwergstrauch. Das Aussehen der violettrosa Blütenstände könnte man mit den Blüten von Rhododendron vergleichen. Die Beeren werden mit der Reife im Spätsommer rot.

Das Gift des Seidelbasts – auch in den Blüten – kann schwere Hautverätzungen bewirken.

Primelgewächse

Primulaceae

Nach moderner Auffassung beinhalten die Primelgewächse nur noch um die zehn Gattungen mit etwa 900 Arten. Die Blüten sind fünfzählig und die Staubblätter mit der Kronröhre verwachsen. Die Früchte sind Kapseln.

Becher-Primel *(Primula obconica)*

Die Becherprimel enthält in hoher Konzentration Primin, das zu den stärksten Kontaktallergenen zählt.

GEFAHR FÜR KINDER

Im Lichte der generellen Zunahme von Allergien bei Kindern sollte auf die Pflanze im Wohnbereich verzichtet werden.

GIFTWIRKUNG

Die Becher-Primel enthält je nach Sorte und Standortbedingungen eine mehr oder weniger hohe Konzentration an Primin, einem der stärksten Kontaktallergene überhaupt. Bei Hautkontakt wie beim Entfernen verwelkter Blüten kann es bei sensibilisierten Menschen zu schwersten Hautreaktionen kommen. Im Handel werden unter der Bezeichnung „Touch me" sogenannte priminfreie Sorten angeboten. Geringe Priminkonzentrationen sind jedoch auch dort enthalten. Allergiker sollten auf Becher-Primeln verzichten.

ERSTE HILFE

Kontakt meiden, bei sehr starken Reaktionen eventuell Antiallergikum.

Standort

Zimmerpflanze

Merkmale

Rosettenstaude; Laubblätter herzförmig mit welligem Rand; Blütenschäfte aus der Rosette erscheinend, mehrblütig; Kelch becherförmig, weit geöffnet; Blüten weiß bis blauviolett oder orange.

Ähnliche Arten

Der Wirkstoff Primin ist auch in weiteren Primelarten enthalten, jedoch nicht in so hohen Konzentrationen. Nur bei sehr priminempfindlichen Menschen werden Reaktionen hervorgerufen.

Die Becher-Primel *(Primula obconica)* kann starke Allergien auslösen.

Heidekrautgewächse

Ericaceae

Eine Symbiose mit Pilzen (Mykorrhiza) erlaubt den Vertretern der Familie, kärgste Standorte zu besiedeln. Trockenheit wird allerdings nicht vertragen. So fehlt die Familie in Trockengebieten. In den Tropen beschränkt sie sich vorwiegend auf Gebirge. Bestandsbildend sind Vertreter der Familie in Mooren, in extrem kalten Lebensräumen, im Unterwuchs dichter Nadelwälder und auf sauren, nährstoffarmen Standorten.

Zimmerazalee *(Rhododendron simsii)*

Die leuchtende Zimmerazalee *(Rhododendron simsii)* kann bei Krabbelkindern zu Vergiftungen führen.

Die Giftwirkung bei Rhododendren ist unterschiedlich hoch. Die stärksten Giftpflanzen unter ihnen sind Almrausch-Arten.

GEFÄHRLICH FÜR KINDER

Krabbelkinder können abgefallene Blüten in den Mund stecken und essen.

GIFTWIRKUNG

Die Giftwirkung verschiedener Sorten ist unterschiedlich hoch. Nach der Aufnahme von Blüten oder Blättern kann es zu Übelkeit, Benommenheit, Kopfschmerzen und Krämpfen kommen.

ERSTE HILFE

(Erbrechen auslösen), Medizinalkohle verabreichen, viel trinken lassen. Beim Auftreten von Vergiftungssymptomen Arzt oder Krankenhaus aufsuchen.

Standort

Zimmerpflanze für kühle Räume.

Merkmale

Stark verzweigter Kleinstrauch mit verkehrt eiförmigen, behaarten Laubblättern; große, trichterförmige Blüten.

Ähnliche Arten

Eine große Zahl an Rhododendron-Arten und -Hybriden mit ledrigen, immergrünen Laubblättern oder mit weichen, sommergrünen Laubblättern („Azaleen") wird in Gärten kultiviert. Ihre Giftigkeit ist unterschiedlich. Einige Arten enthalten giftigen Nektar und ergeben daher giftigen Honig. Dazu gehören *Rh. albiflorum, Rh. chrysanthum, Rh. luteum (Azalea pontica), Rh. occidentale und Rh. ponticum.* Auch der heimische Sumpfporst *(Rh. tomentosum, syn. Ledum palustre)* ist giftig.

Die stärksten Giftpflanzen unter den in Mitteleuropa anzutreffenden Arten sind jedoch die Almrausch-Arten Rostblättrige *(Rh. ferrugineum)* und Bewimperte Alpenrose *(Rh. hirsutum)* mit purpurrosa bis purpurroten Blüten.

Die Rauschbeere *(Vaccinium uliginosum agg.)* kann mit der Heidelbeere *(V. myrtillus)* verwechselt werden.

Gifthonig

Seit dem Altertum wird immer wieder von vergiftetem Honig berichtet, den die Bienen v.a. von *Rh. ponticum* gesammelt haben. Auch in jüngerer Zeit wurde von zwei Fällen berichtet, wo Honig aus dem türkischen Schwarzmeergebiet trotz des bitteren Geschmacks zu ernsten Vergiftungen geführt hat. Interessant ist, dass auch die Bienen, die diesen Honig sammeln, gegen das Gift keineswegs unempfindlich sind.

Die Rauschbeere

Die Beeren der Rauschbeere oder Moor-Heidelbeere *(Vaccinium uliginosum agg.)* können mit Echten Heidelbeeren *(V. myrtillus)* verwechselt werden. Sie sind essbar, aber weniger wohlschmeckend als Echte Heidelbeeren und können Rauschzustände auslösen.
In der Literatur gibt es widersprüchliche Beschreibungen der Giftigkeit, die von „ungiftig" bis „schwere Rauschzustände auslösend" reichen. Man geht heute davon aus, dass die Beeren an sich ungefährlich sind und die beschriebene Giftigkeit auf einen in den Früchten parasitisch lebenden Pilz zurückzuführen ist. Erst bei der Einnahme größerer Fruchtmengen ist mit Rauschzuständen und Übelkeit zu rechnen.

Hundsgiftgewächse

Apocynaceae, syn. Asclepiadaceae

Eine vielseitige Familie sind die Hundsgiftgewächse. Die Blüten können eine lange Kronröhre besitzen, glockenförmig oder radförmig ausgebreitet sein. Mitunter sind sie auch sukkulent. Je nach Art bildet sich eine Balgfrucht oder Sammelbalgfrucht, seltener einer Beere aus. Die Laubblätter sind immer ungeteilt und ganzrandig, die Pflanzen führen einen giftigen, bitteren Milchsaft.

Oleander *(Nerium oleander)*

Die beliebte Kübelpflanze ist sehr giftig, Kinder könnten mit abgefallenen Blüten und Blättern spielen.

GEFÄHRLICH FÜR KINDER

Da die Pflanzen meist auf Balkon oder Terrasse im näheren Wohnbereich aufgestellt sind, verleiten sie Kinder zum Spielen. Bereits 8 bis 10 Samen sind für einen Erwachsenen tödlich, entsprechend weniger für Kinder.

GIFTWIRKUNG

Die ganze Pflanze enthält herzwirksame Glykoside. Nach oraler Einnahme kommt es zu Gefühllosigkeit von Zunge und Rachen, Übelkeit, Erbrechen, Krämpfen, blauen Lippen und Händen und schließlich zum Tod durch Atemlähmung. Der bittere Geschmack und rasch einsetzendes Erbrechen verhindern meist schwerere Vergiftungen.

ERSTE HILFE

Nach Einnahme von mehreren Samen oder Blättern Arzt oder Krankenhaus aufsuchen. Auf dem Weg dorthin (Erbrechen auslösen, wenn nicht spontan erfolgt), Medizinalkohle verabreichen.

Der giftige Oleander *(Nerium oleander)* ist von unseren Terrassen nicht mehr wegzudenken.

Standort

Im Mediterranraum allgegenwärtiger Zierstrauch, bei uns Kübelpflanze.

Merkmale

Strauch mit immergrünen, lanzettlichen Laubblättern; Blüten stieltellerförmig mit echter Nebenkrone, meist rosa; Sorten weiß bis rot, seltener gelb oder aprikot.

Ölbaumgewächse

Oleaceae

Eine reine Gehölz-Familie sind die Ölbaumgewächse. Von den 24 Gattungen der weltweit verbreiteten Familie werden mehr als ein Drittel in Mitteleuropa kultiviert. Die Frucht ist eine zweispaltige Kapsel, eine Beere, Steinfrucht oder Nuss.

Liguster *(Ligustrum)*

Beeren, Blätter und Rinde enthalten Giftstoffe, wobei die Wirkung der Beeren meist überbewertet wird.

GEFÄHRLICH FÜR KINDER

Die blauschwarzen Früchte hängen oft bis in den Winter an den Sträuchern und reizen zum Naschen.

GIFTWIRKUNG

Erst bei Verzehr größerer Mengen ist mit Vergiftungssymptomen wie Übelkeit, Erbrechen, Benommenheit, Kopfschmerzen und Durchfall zu rechnen. Von 416 Anfragen nach Aufnahme von Ligusterbeeren der letzten Zeit traten nur in 38 Fällen leichtere Symptome wie Übelkeit, Erbrechen oder Bauchschmerzen auf. Äußerlich kann es zu Hautreizungen kommen (z.B. beim Heckenschnitt).

ERSTE HILFE

Bei weniger als 10 aufgenommenen Beeren nicht erforderlich, sonst Medizinalkohle verabreichen, (Erbrechen auslösen), Patienten beobachten, viel trinken lassen.

Standort

Trockenwarme, meist kalkreiche Saumgesellschaften; Gartenpflanze (Hecken).

Merkmale

Unbehaarte, glattrandig beblätterte Sträucher; Blüten klein, weiß, in Rispen; Beeren schwarz, glänzend, im Herbst reifend und bis in den Spätwinter haltend, wichtige Vogelnahrung.

Liguster *(Ligustrum)* ist eine beliebte Heckenpflanze.

Löwenmaulgewächse

Plantaginaceae

Löwenmaul- oder Wegerichgewächse sind eine interessante Familie. Etliche Arten ähneln den verwandten Rachenblütlern, doch sind sie gerade im Blütenbereich weitaus erfindungsreicher. Viele Blüten sind maskiert, das heißt, sie verschließen den Eingang zu Nektar, Frucht- und Staubblättern, damit nur die passenden Bestäuber Zutritt erhalten (wie etwa beim Löwenmaul). Giftig sind nur wenige.

Roter Fingerhut *(Digitalis purpurea)*

Obwohl der bittere Geschmack vom Verzehr abhält, sollte der giftige Fingerhut in Gärten, in denen Kinder spielen, nicht gepflanzt werden.

GEFÄHRLICH FÜR KINDER

Der Fingerhut ist eine häufige Zierpflanze, deren glockenförmige Blüten zum Spielen reizen.

GIFTWIRKUNG

Fingerhut enthält stark herzwirksame Inhaltsstoffe, die in der Medizin Verwendung finden. Allerdings wird nur mehr mit standardisierten Präparaten gearbeitet, da die Vergiftungsgefahr sehr groß ist. Bereits 0,3 g getrockneter Blätter sind für Erwachsene giftig, 2 bis 3 Blätter wirken tödlich.

Meist wird eine größere Giftaufnahme durch den Umstand verhindert, dass die Blätter stark bitter schmecken und nach Aufnahme rasch heftiges Erbrechen einsetzt. Vergiftungen zeigen sich durch Übelkeit, Erbrechen, Herzrhythmusstörungen, Sehstörungen und Halluzinationen bis zum Delirium und Herzstillstand.

ERSTE HILFE

Nach Aufnahme (falls nicht spontan einsetzend Erbrechen auslösen), Medizinalkohle verabreichen und sofort das nächste Krankenhaus aufsuchen bzw. Rettung rufen.

Standort

Bodensaure Waldschläge; Zierpflanze.

Merkmale

Zweijährige Pflanze; im ersten Sommer wird eine Rosette gebildet, im nächsten Sommer wächst diese zu einer bis 180 cm hohen Pflanze heran; Spross dicht beblättert; Blütenstand eine Traube; Blüte fingerhutförmig, purpurn bis weiß, selten gelblich, mit dunkler Fleckenzeichnung.

Ähnliche Arten

Großblütiger Fingerhut *(D. grandiflora)*, Kleiner Fingerhut *(D. lutea)*, Woll-Fingerhut *(D. lanata)* und Rost-Fingerhut *(D. ferruginea)*.

Bild rechts: Der Rote Fingerhut *(Digitalis purpurea)* kann tödlich wirken.

Eisenkrautgewächse

Verbenaceae

Die Eisenkrautgewächse gehören in die große Verwandtschaftsgruppe um die Lippen- und Rachenblütler. Gekennzeichnet ist die Familie durch die Ausbildung der Blüte zu einer schwachen Lippe. Die Frucht ist eine Spaltfrucht oder Steinfrucht, der Blütenstand eine Ähre oder ein Köpfchen.

Aufrechtes Wandelröschen *(Lantana camara)*

Die ganze Pflanze ist giftig, besonders die unreifen Steinfrüchte, die in unseren Breiten oft schon blauschwarz ausgefärbt, aber trotzdem noch giftig sind.

GEFÄHRLICH FÜR KINDER

Die reifen, dunklen Früchte können mit essbaren Früchten wie Maulbeeren oder Brombeeren verwechselt oder zum Spielen verwendet werden.

GIFTWIRKUNG

Bei Einnahme größerer Mengen kann es zu gelbsuchtartigen Symptomen, Pupillenerweiterung und Lichtempfindlichkeit kommen. Vollreife Steinfrüchte sind unbedenklich und werden in tropischen Ländern gegessen. Bei uns reifen sie jedoch viel zu spät aus.

ERSTE HILFE

Nach Aufnahme unreifer Früchte (Erbrechen auslösen), Medizinalkohle verabreichen, viel trinken lassen, Sonnenlicht meiden. Bei Vergiftungssymptomen Arzt oder Krankenhaus aufsuchen.

Standort

Balkon- und Kübelpflanze

Merkmale

Verholzende Pflanze, in südlichen Ländern als Strauch, bei uns als Kraut oder Bäumchen gezogen; Blätter eiförmig, gezähnt; Blüten in Köpfchen, gelblich weiß bis rot, im Auf- und Abblühen Farbe ändernd; Steinfrüchte blauschwarz, metallisch glänzend.

Ähnliche Arten

Kriechendes Wandelröschen *(Lantana montevidensis)* mit violetten Blüten.

Die Blüten des Wandelröschens *(Lantana camara)* ändern ihre Farbe im Auf- und Abblühen.

Nachtschattengewächse

Solanaceae

Schon der Name der großen Familie bezieht sich auf die Giftwirkung: Nachtschade, ein altes Wort für Alptraum, ist der Ursprung des Namens und verrät die psychoaktiven Inhaltsstoffe. Keineswegs sind Nachtschattengewächse Nachtblüher oder wachsen in der Nacht, wie oft zu hören.

Die Blüten der Nachtschattengewächse sind fünfzählig und verwachsen. Die Frucht ist eine Beere oder eine Kapselfrucht. Sehr auffällig sind Verwachsungen (Metatopien) zwischen Blattstielen und Sprossachsen. Sie scheinen die Grundregeln der Verzweigung außer Kraft zu setzen: Verzweigungen, egal ob Blüten oder neue Sprossachsen, entstehen bei Blütenpflanzen nur in den Blattachseln. Dies trifft bei den Nachtschattengewächsen nur scheinbar nicht zu.

Giftcocktails von Tomate & Co.

Chemisch charakteristisch für diese Familie sind Tropan-Alkaloide. Je nach Pflanzenart sind es jedoch unterschiedliche Gifte mit unterschiedlicher Wirkung. Sogar innerhalb von Gattungen variiert die Zusammensetzung des Giftcocktails stark. So ist in der Gattung *Solanum* (Nachtschatten, Tomate, Kartoffel etc.) das vergleichsweise schwache Gift Solanin sehr wichtig. Beim Bittersüßen Nachtschatten jedoch sind es andere Alkaloide, die für die Wirkung verantwortlich sind. Als Rauschdrogen sind die in der Familie verbreiteten Alkaloide Hyoscyamin und Scopolamin in Gebrauch.

Fast alle Arten der Familie sind zumindest in den grünen Teilen stark alkaloidhaltig und somit giftig. Das gilt auch für die zahlreichen Nutzpflanzen der Familie: Paradeiser/Tomate, Erdapfel/Kartoffel, Melanzani/Aubergine, Paprika/Chili, Pepino/Gurkenmelone und viele andere kleinräumig vor allem in den Tropen verwendete Arten. In reifen Früchten bzw. Knollen wird das Gift abgebaut. Dennoch weisen die Früchte und Knollen Spuren von Alkaloiden auf.

Tomate oder Echter Paradeiser

(Solanum lycopersicum, syn. Lycopersicum esculentum)

Es dürfen nur reife Tomaten gegessen werden! Am Fensterbrett nachgereifte Früchte färben sich zwar um, haben aber einen relativ hohen Solaningehalt.

Alle Pflanzenteile der Tomate sind giftig, Solanin wird aber mit der Fruchtreife in den Beeren abgebaut.

GEFÄHRLICH FÜR KINDER

Als Nutzpflanzen in vielen Gärten zu finden. Kinder darauf hinweisen, dass nur reife Tomaten gegessen werden dürfen.

GIFTWIRKUNG

Alle Pflanzenteile sind giftig, doch mit der Fruchtreife werden die Alkaloide – vorwiegend das relativ schwach giftige Solanin – in den Beeren abgebaut. Maßgeblich für den Solaningehalt ist der Reifegrad, nicht die Farbe. Manche Sorten bleiben auch bei Vollreife grün. Andere färben schon früh nach Rot um, wenn der Solaningehalt noch verhältnismäßig hoch ist. Reife Früchte sind an ihrer Konsistenz zu erkennen, nicht an der Farbe.

Solanin ist hitzebeständig, wird also beim Kochen nicht zersetzt. Unreif eingelegte Früchte verlieren ihre Giftigkeit nur, wenn sie milchsauer eingelegt werden. Andererseits wird Solanin in nicht zu hohen Dosen relativ gut vertragen und die beschwerdefreie Dosis ist individuell unterschiedlich, vermutlich gewohnheitsabhängig.

Symptome einer Solaninvergiftung sind Kratzen im Hals, Kopfschmerzen, Mattigkeit, eventuell Erbrechen und Durchfälle. In schweren Fällen kann es zu neurologischen Störungen wie Halluzinationen oder Ruhelosigkeit kommen.

ERSTE HILFE

Kaum erforderlich, bei hohen aufgenommenen Mengen (Erbrechen auslösen), Medizinalkohle verabreichen.

Standort

Gemüsepflanze

Merkmale

Einjähriger Spreizklimmer; Laub charakteristisch gefiedert; ganze Pflanze stark behaart; gelbe Blüten in Trauben oder Rispen; Beerenfrüchte.

Kartoffel oder Erdapfel *(Solanum tuberosum)*

Gegessen werden die ungiftigen, nicht grünen Knollen, die Früchte der Kartoffel sind giftig.

GEFÄHRLICH FÜR KINDER

Als Nutzpflanzen in vielen Gärten zu finden. Kinder über die Giftigkeit aufklären, da die Früchte oft unbekannt sind und zum Naschen oder Spielen anregen.

GIFTWIRKUNG

Große Mengen Solanin enthalten die Beeren und alle oberirdischen Pflanzenteile sowie grün gewordene Knollen und Keimlinge. Gekeimte Knollen bilden ebenfalls Solanin und sollten nur geschält gegessen und besonders im Bereich der Augen gründlich ausgeschnitten werden. Erhitzen ist gegen das Gift wirkungslos.

Vergiftungen äußern sich in Übelkeit, heftigem Erbrechen, starkem Durchfall, Benommenheit, Schock, in schweren Fällen Atemlähmung.

ERSTE HILFE

Bei wenigen Beeren (3 bis 4) Patienten beobachten. Bei größeren Mengen (Erbrechen lassen), Medizinalkohle verabreichen, Arzt oder Krankenhaus aufsuchen.

Standort

Gemüsepflanze

Merkmale

Aufrecht wachsende Staude mit unregelmäßig gefiedertem Laub; Blüten weiß bis violett; Früchte grüne, bei Reife giftig bleibende, kugelrunde Beeren.

Die oberirdischen Früchte der Kartoffel führen zu Vergiftungen.

Schwarzer Nachtschatten *(Solanum nigrum)*

Vollreife Früchte sind genießbar. Leider färbt sich die Fruchtschale des Schwarzen Nachtschattens in kühleren Gebieten bereits vor der Reife schwarz. Reif sind die Beeren auch innen schwarz.

GEFÄHRLICH FÜR KINDER

Die Pflanze ist sehr häufig zu finden und die Früchte verlocken zum Essen.

GIFTWIRKUNG

Die Aussagen über die Giftigkeit der Beeren aller Nachtschatten-Arten sind recht widersprüchlich. Einerseits werden sie in Mittelmeerländern und Amerika als Nutzpflanzen verwendet, andererseits treten immer wieder Vergiftungsfälle auf. Das liegt an den zahllosen Regionalrassen, aber auch daran, dass die Früchte erst in vollreifem Zustand ungiftig sind.

GIFTWIRKUNG UND ERSTE HILFE

Wie bei Kartoffel.

Standort

Gemüsefelder, junge Ruderalflächen.

Merkmale

Bis 50 cm hohe, aufrecht wachsende Einjährige mit unzerteiltem Laub; Blüten weiß mit gelben Staubblättern. Die kurz darauf reifenden Früchte sind schwarze, selten grüne oder gelbliche, erbsengroße, kugelrunde Beeren.

Schwarzer Nachtschatten *(Solanum nigrum)*

Bittersüß-Nachtschatten *(Solanum dulcamara)*

Unreife Früchte des Bittersüß-Nachschattens schmecken deutlich bitter und gewinnen mit zunehmender Reife an Süße. Vollreife Früchte verlieren ihre Bitterkeit und sind kaum giftig.

GEFÄHRLICH FÜR KINDER

Die leuchtend roten Beeren verlocken zum Essen.

GIFTWIRKUNG

Wie bei der vorigen Art gilt, dass die Früchte bereits vor der Reife umfärben, dann aber noch giftig sind.

Vergiftungen durch unreife Beeren können sich durch Übelkeit, Erbrechen, Durchfälle, erweiterte Pupillen, Zungenlähmung und Krämpfe äußern, im schlimmsten Fall Atemlähmung.

ERSTE HILFE

Bei Aufnahme unreifer Beeren (Erbrechen auslösen), Medizinalkohle verabreichen, bei größeren Mengen Arzt oder Krankenhaus aufsuchen.

Standort

Auen, feuchte Waldschläge.

Merkmale

Hohe, spreizklimmende Staude bis Halbstrauch; Blüten violett mit gelben Staubblättern; Früchte rote, längliche Beeren. Die Pflanze blüht ab Juni und beginnt ab Juli zu fruchten.

Bittersüß-Nachtschatten *(Solanum dulcamara)* mit roten Beeren und lila Blüten.

Ähnliche Arten

Jasmin-Nachtschatten *(S. jasminoides)*, als Topf- oder Kübelpflanze häufig kultiviert. Es werden keine Früchte gebildet (selbststeril).

Großer Korallenstrauch
Jerusalemkirsche *(Solanum pseudocapsicum)*

Als Zimmerpflanze ist der giftige Korallenstrauch für Kinder meist im unmittelbaren Wohnumfeld erreichbar.

GEFÄHRLICH FÜR KINDER

Die glänzend roten, kugeligen Früchte reizen zum Essen.

GIFTWIRKUNG

Die ganze Pflanze gilt als giftig. Die Giftstoffe in den Beeren werden auch bei Reife im Gegensatz zu anderen Nachtschattengewächsen nicht abgebaut. Als Vergiftungserscheinungen werden Übelkeit, Leibschmerzen und Schläfrigkeit beschrieben. Obwohl die Pflanze relativ häufig als Zimmerpflanze angeboten wird, sind schwerwiegende Vergiftungen nicht bekannt. Meist bleibt die Einnahme ohne Symptom oder ist mit Magen-Darm-Beschwerden verbunden.

ERSTE HILFE

Patienten beobachten, ev. Medizinalkohle verabreichen, viel Trinken lassen, beim Auftreten von Vergiftungssymptomen Arzt aufsuchen.

Standort

Wild nur auf Madeira vorkommend, jedoch als Zimmerpflanze gezogen.

Merkmale

Kleinstrauch mit lanzettlichen Laubblättern; weiße Blüten; kirschgroße, orangerote Beeren.

Ähnliche Arten

Kleiner Korallenstrauch oder Falsche Jerusalemkirsche *(S. capsicastrum)* als Zimmerpflanze, mit gleicher Giftigkeit.

Der Große Korallenstrauch *(Solanum pseudocapsicum)* ist eine beliebte Zimmerpflanze.

Echte Tollkirsche *(Atropa belladonna)*

Die Tollkirsche zählt zu den gefährlichsten Giftpflanzen Mitteleuropas, ihre Früchte sind attraktiv und schmecken süßlich.

GEFÄHRLICH FÜR KINDER

Die großen, glänzenden, schwarzen Beeren verlocken zum Naschen, zumal sie süßlich schmecken. Kinder sollen über die Gefährlichkeit der Pflanze Bescheid wissen.

GIFTWIRKUNG

Die Wirkung der Tollkirsche ist seit dem Altertum bekannt. Die Giftaufnahme ist auch durch die Haut möglich. Die Tollkirsche war Bestandteil mittelalterlicher Hexensalben.

Typische Vergiftungssymptome sind: Rötung des Gesichts, Trockenheit der Schleimhäute, Pulsbeschleunigung und Pupillenerweiterung. In der Folge kommt es zu Unruhe, starker Erregung bis zu Tobsuchtsanfällen, Bewegungsdrang, Halluzinationen, Seh- und Sprechstörungen, Schluckbeschwerden, erhöhter Temperatur und Krämpfen. In schweren Fällen folgen Bewusstlosigkeit und Tod durch Atemlähmung.

ERSTE HILFE

(Erbrechen auslösen), Medizinalkohle verabreichen, sofort ins nächste Krankenhaus bringen.

Standort

Waldschläge

Merkmale

Bis 150 cm hohe, im oberen Teil verzweigte Staude mit ganzrandigem, eiförmigem Laub; Blüten im Sommer, braunviolett und ähnlich den Glockenblumen. Die Früchte sind schwarzglänzende, kugelrunde, kirschgroße Beeren, die auf den noch grünen, sternförmigen Kelchen sitzen. Dadurch sind sie gut von Kirschen und anderen Früchten zu unterscheiden.

Ähnliche Arten

Das Krainer Tollkraut *(Scopolia carniolica)* aus Südosteuropa ist als historische Zauberpflanze lokal in Kultur oder verwildert sehr selten. Es hat im Frühjahr recht ähnliche, violette, glockenförmige Blüten, wird aber nur bis 40 cm hoch und hat im Sommer vom Kelch eingehüllte Kapselfrüchte. Es wirkt wie die Tollkirsche halluzinogen, die Inhaltsstoffe sind jedoch andere.

Die Echte Tollkirsche *(Atropa belladonna)* ist besonders giftig.

Gewöhnlicher Stechapfel *(Datura stramonium)*

Jugendliche sind durch Drogenexperimente gefährdet, die Folgen reichen von Sinnestäuschungen bis zum anaphylaktischen Schock.

GEFÄHRLICH FÜR KINDER

Kleine Kinder können die stacheligen Früchte mit Kastanien verwechseln und beim Spielen Samen verschlucken.

GIFTWIRKUNG

Die ganze Pflanze ist giftig. Vergiftungssymptome gleichen Tollkirschen-Vergiftungen mit Erregung, Sinnestäuschungen, Übelkeit bis hin zum Tod durch Atemlähmung.

Probleme gibt es häufig bei Jugendlichen, die mit Drogen experimentieren. Rasch ist eine letale Dosis erreicht. Auch bei lediglich zu berauschender Wirkung führender, üblicherweise nicht tödlicher Dosierung kann es zum anaphylaktischen Schock kommen. Es ist mehrere Tage lang mit „Flash-backs" zu rechnen, bei denen nicht anwesende Personen, Tiere und Gegenstände real anwesend scheinen. Im falschen Augenblick (etwa beim Lenken eines Fahrzeuges) kann dies ebenfalls tödliche Folgen haben.

Geraucht lindern die Blätter Asthma, sind aber wegen möglichen Missbrauchs nicht mehr legal in Gebrauch.

ERSTE HILFE

(Erbrechen auslösen), Medizinalkohle verabreichen, das nächste Krankenhaus aufsuchen, Patienten durchgehend beobachten, damit er sich im Delirium keinen Schaden zufügen kann.

Standort

Gemüsefelder, Ruderalfluren; in Europa eingebürgerte Art aus Nordamerika.

Merkmale

Bis einen Meter hohe, im oberen Teil verzweigte, einjährige Pflanze mit grob gezähntem, spitz-eiförmigem Laub; weiße, selten violette, trichterförmige Blüten, die sich nachts öffnen und duften; stachelige Kapselfrüchte.

Kriegsentscheidender Kochfehler

Die nordamerikanischen Ureinwohner hatten wahrlich nichts zu lachen, als die Europäer ihr Land eroberten. Bei einer der wenigen Schlachten, die Weiße nicht gewannen, heißt es, die Indianer konnten deswegen nicht eingekesselt werden, weil die Truppe, die den Kessel schließen sollte, nicht rechtzeitig ankam. Schuld daran war angeblich der Koch, der anstatt bekömmlicher Wildkräuter ein „Jimson Weed", einen Stechapfel, für den Salat verwendet haben soll. Die Soldaten kämpften daraufhin gegen eingebildete anstatt gegen reale Ureinwohner.

Ähnliche Arten

In Kultur werden weitere Arten verwendet. Der Medizinal-Stechapfel *(D. metel)* ist ein Halbstrauch, der bei uns unter unterschiedlichsten Namen *(„Datura arborea", D. fastuosa, „Brugmansia sanguinea")* zunehmend als einjährige Kübelpflanze gezogen wird. Die Blüten sind etwa doppelt so groß wie bei *D. stramonium.*

Etwa dreimal so groß wie beim Gewöhnlichen Stechapfel sind die Blüten des Stauden-Stechapfels *(D. wrightii)*, einer ausdauernden, winterharten, über einen Meter hohen Art. Die Blüten der nordamerikanischen Art sind weißlich hellblau, die Blätter weich und filzig behaart. Die stacheligen, hängenden Früchte zerfallen meist unregelmäßig. Es sind aber Klappen angelegt und so handelt es sich um eine eigentümliche Mischform aus Beere und Kapsel. Die Art ist vor allem in Ostösterreich in Gärten zu finden, verwildert auch gelegentlich, ist aber nicht im Handel.
Der ähnliche Gift-Stechapfel *(D. inoxia, syn. D. meteloides)* wird hingegen selten zum Kauf angeboten.

Die stacheligen Früchte des Gewöhnlichen Stechapfels *(Datura stramonium)* sehen Kastanien ähnlich.

Engelstrompete *(Datura/Brugmansia)*

Die großen Blüten reizen zum Spielen und können durch ihren Blütenduft Vergiftungen auslösen.

GEFÄHRLICH FÜR KINDER

Die als Kübelpflanzen häufig gezogenen Engelstrompeten stehen meist im unmittelbaren Spielbereich von Kindern. Jugendliche könnten Drogenexperimente versuchen.

GIFTWIRKUNG

Die Wirkung der Engelstrompeten gleicht im Wesentlichen jener der Stechäpfel. Bei dem Gerücht, dass stecklingsvermehrte Pflanzen ungiftig wären, handelt es sich um eine „urban legend". Es gibt keinen Unterschied in der Giftigkeit. Ausschlaggebend ist lediglich der Standort. Im dunklen Zimmer werden kaum Alkaloide gebildet, bei vollsonnigem Stand dagegen viele. Der Duft der Blüten kann Kopfschmerzen und Übelkeit auslösen sowie narkotisierend wirken.

ERSTE HILFE

Wie beim Stechapfel: (Erbrechen auslösen), Medizinalkohle verabreichen, das nächste Krankenhaus aufsuchen.

Standort

Kübelpflanzen, heimisch in Südamerika.

Merkmale

Sehr hohe, im oberen Teil verzweigte Sträucher; Blätter grob gezähnt, eiförmig; hängende, trichter- bis röhrenförmig Blüten, weiß, gelb, rosa oder rot bzw. in Zwischenfarben. Sie duften nachts, bleiben tagsüber geöffnet. Die hängenden, oft behaarten Beerenfrüchte trocknen an der Pflanze ein und zerfallen in trockenem Zustand.

Die Engelstrompete *(Datura/Brugmansia)* ist eine beliebte Kübelpflanze.

Ähnliche Arten

Als „Mini-Datura" kommen Veilchenstrauch-Arten *(Iochroma)* als Kübelpflanzen in den Handel. Der Kletter-Veilchenstrauch *(Iochroma australe, syn. Acnistus australis)* ist ein Spreizklimmer mit kleinen, himmelblauen, hängenden Blüten.

Seltener werden Dunkelblauer Veilchenstrauch *(I. cyaneum)* und andere aufrechte Arten kultiviert. Andere Kübelpflanzen sind die Hammerstrauch-Arten *(Cestrum)*. Die Giftzusammensetzung weicht deutlich von jener der Daturen ab.

Bilsenkraut *(Hyoscyamus)*

Das Bilsenkraut enthält in allen Pflanzenteilen, besonders in den Samen, Alkaloide, die zu tollkirschenähnlichen Vergiftungssymptomen führen.

GEFÄHRLICH FÜR KINDER

Kinder spielen gerne mit den reifen Fruchtständen, der Samen kann dabei mit Mohn verwechselt werden.

GIFTWIRKUNG

Die Pflanze gehörte wie Tollkirsche und Stechapfel zu den Hauptbestandteilen mittelalterlicher Hexensalben. Bei Kindern sollen 15 Samen tödlich wirken, für eine Vergiftung reichen 0,5 g der Blätter. Vergiftungen über das klebrige Drüsensekret durch die Haut sind auszuschließen. Ernsthafte Vergiftungen passieren bei bewusster Einnahme zu Rauschzwecken in überhöhter Dosierung.

ERSTE HILFE

Wie bei Stechapfel: (Erbrechen auslösen), Medizinalkohle verabreichen, das nächste Krankenhaus aufsuchen.

Standort

Trockene Ruderalfluren, Weingärten, trockene Gemüsefelder, Mauern; in Mitteleuropa nur an wärmebegünstigten Standorten, im Mittelmeerraum häufig.

Merkmale

Überwinternde einjährige bis zweijährige Pflanzen; Blätter spitz eiförmig, im ersten Jahr eine Rosette bildend, stark drüsig behaart; Blüten weißlich bis goldgelb, mitunter mit schwarzviolettem Adernetz; Frucht eine Deckelkapsel.

Ähnliche Arten

Schwarzes Bilsenkraut *(H. niger)*, Weißes Bilsenkraut *(H. albus)*, Gelbes Bilsenkraut *(H. aureus)*.

15 Samen des Schwarzen Bilsenkrauts *(Hyoscyamus niger)* sind für Kinder letal.

Gewöhnlicher Bocksdorn *(Lycium barbarum)*

Die roten Beeren sind reif zwar ungiftig und süß, aber dazwischen befindliche unreife Beeren können Vergiftungen bewirken.

GEFÄHRLICH FÜR KINDER

Die leuchtend roten Beeren sind häufig zu finden und schmecken angenehm süßlich. Sie verlocken Kinder zum Naschen – unreife Beeren können da leicht mitgegessen werden.

GIFTWIRKUNG

Wiederum ein Nachtschattengewächs, bei dem die Giftigkeit der Früchte heftig umstritten ist. Nach neueren Erkenntnissen sind die leuchtend roten Beeren im Reifezustand ungefährlich. 15 bis 30 Beeren werden symptomlos vertragen. Bei unreifen Beeren oder größeren Mengen grüner Pflanzenteile sind Vergiftungen ähnlich Tollkirschenvergiftungen möglich.

ERSTE HILFE

Beim Verzehr einiger reifer Beeren Patienten beobachten. Beim Auftreten von Symptomen (Erbrechen auslösen), Medizinalkohle verabreichen, Arzt oder Krankenhaus aufsuchen.

Standort

Eingebürgerter Strauch in wärmeren Regionen; alte Ruderalfluren, Weingartenränder, Böschungen, Hohlwege. Die Heimat ist China.

Die Früchte des Gewöhnlichen Bocksdorns *(Lycium barbarum)* sind ein Augenschmaus, aber nicht ungefährlich.

Merkmale

Raschwüchsiger Strauch mit überhängenden, dünnen, wenig verzweigten, brüchigen, dornigen Ästen; Laub weidenähnlich, ganzrandig, unbehaart; Blüten dunkelviolett, Beeren etwa 1-1,5 cm lang, eiförmig, rot, bei Vollreife harmlos.

Zier-Tabak *(Nicotiana x sanderae)*

Die größere Gefahr geht von Zigaretten aus. Nicotin wird aber leicht über die Haut aufgenommen. Kinder sollten nicht mit Zier-Tabak spielen.

GEFÄHRLICH FÜR KINDER

Zigaretten oder anderen Tabakzubereitungen sind gefährlicher – dennoch sollten Kinder nicht mit Zier-Tabak spielen, da Nicotin leicht über die Haut aufgenommen wird.

Der Zier-Tabak *(Nicotiana x sanderae)* wird als einjährige Sommerblume in Gärten angepflanzt.

Tabak gegen Pest

Als in England das Rauchen modern wurde, soll angeblich eine Pestepidemie an vielen Rauchern spurlos vorübergegangen sein. Zugeschrieben wird das einem LSD-ähnlichen Inhaltsstoff im Bauern-Tabak, der aber auf Menschen keine berauschende Wirkung hat. Auf die Pesterreger wirkte er dafür umso stärker.

GIFTWIRKUNG

Das in der ganzen Pflanze enthaltene Nicotin zählt zu den giftigsten Substanzen im Pflanzenreich. Es wird sehr gut und schnell über Haut, Lunge und Schleimhäute aufgenommen und führt immer wieder zu Vergiftungen. Wässrige Lösungen von als Pflanzenschutzmittel in Wasser angesetzten Zigarettenkippen wirken noch wesentlich stärker als eine direkt konsumierte Zigarette.

Abgesehen von den negativen Wirkungen des Tabakrauchens und -mitrauchens bewirkt eine Nicotinvergiftung Symptome wie Übelkeit, Schwindel, Kopfschmerzen, Erbrechen, Durchfall, Krämpfe, Kreislaufkollaps sowie in schweren Fällen Herzstillstand und Atemlähmung.

Vergiftungen mit Pflanzenteilen sind eher selten, wesentlich häufiger kommt es zu Unfällen bei bei Zigaretten- oder Pfeifentabak. Bauern-Tabak ist auch geraucht giftig.

ERSTE HILFE

Viel trinken lassen, (Erbrechen auslösen), Medizinalkohle verabreichen, Arzt oder Krankenhaus aufsuchen. Bei Hautkontakt: sofort gründlich abwaschen, um eine Giftaufnahme über die Haut zu verhindern.

Standort

Sommerblume in Gärten, Parks und Trogbepflanzungen.

Merkmale

Einjährige mit lanzettlichem bis eiförmigem, relativ großem Laub; Pflanze behaart und klebrig, meist kleinwüchsig; Blüten ganztägig geöffnet, aber meist nur nachts duftend, stieltellerförmig mit langer Kronröhre; Blütenfarbe weiß bis rot und violett, seltener gelb oder grün; Frucht eine aufspringende Kapsel.

Ähnliche Arten

Einjährige Zier- und Nutzpflanzen mit drüsig-klebrigem Laub sind Flügel-Tabak *(N. alata* – bis 150 cm, weiß- und nachtblütig, Blätter flügelartig herablaufend), Wild- oder Etagen-Tabak *(N. sylvestris* – Blüten in Etagen in Knäueln, ohne „Flügel"), Virginia-Tabak *(N. tabacum* – bis über 2 m, rosa blühend), Bauern-Tabak *(N. rustica* – unter 1 m, grünlich-gelb blühend). Im Mittelmeerraum: Blaugrüner Tabak *(N. glauca)*, strauchförmig, bläuliches, drüsenloses Laub, orangefarbene Blüten.

Gewöhnliche Blasenkirsche
Lampionblume *(Physalis alkekengi)*

Die blasigen Kelche der Lampionblumen *(Physalis alkekengi)* leuchten orange.

Die lustigen Ballons reizen zum Spielen und Basteln. Vergiftungen sind jedoch nicht zu befürchten.

GEFÄHRLICH FÜR KINDER

Die orange leuchtenden Früchte fallen auf, werden von Kindern aber kaum gegessen.

GIFTWIRKUNG

Die Giftwirkung der säuerlich-bitter schmeckenden Beeren ist umstritten. Über leichte Magen-Darm-reizungen wird in der Literatur berichtet, besonders unreife Früchte sollten nicht gegessen werden.

ERSTE HILFE

Erst bei großen eingenommen Mengen nötig. Eventuell Medizinalkohle verabreichen.

Standort

Auwälder, Gärten, Ruderalstellen.

Merkmale

Durch Ausläufer oft flächendeckend; Blätter eiförmig, spitz; Blüten unscheinbar, weißlich, Kelch ballonartig aufgeblasen, zur Fruchtreife leuchtend rot werdend; Frucht innen eine rote, kirschgroße Beere, die auch zur Reife bitter und vermutlich leicht giftig bleibt.

Ähnliche Arten

Heimisch ist die kleinere *var. alkekengi,* als Gartenpflanze wird die größere, ostasiatische *var. franchetii* kultiviert. Gemüsepflanzen sind die Andenkirsche oder Kapstachelbeere *(Ph. peruviana, syn. Ph. edulis)* mit gelblichen, braun werdenden Lampions, die goldgelbe, kirschgroße Beeren verhüllen sowie Tomatillo *(Ph. ixocarpa)* mit braunen Kelchen und großen, grünen bis violetten Beeren.

Andere giftige Nachtschattengewächse, denen wir begegnen

Als Zimmerpflanzen und zur Balkonbepflanzung werden Vertreter der Gattung Browallia mit meist blauen Blüten verwendet. Auf Balkonen und in Beeten ebenso zu Hause sind Minipetunien *(Calibrachoa)*, Nierembergia, Nolana, Petunien oder Surfinien *(Petunia)*, Trompetenzungen oder Brokatblumen *(Salpiglossis)* und Spaltblumen oder „Bauernorchideen" *(Schizanthus)*. Als Kübelpflanze wird häufig der „Enzianstrauch" oder „Kartoffelbaum" *(Lycianthes (Solanum) rantonnetii)* und selten die Baumtomate oder Tamarillo *(Solanum (Cyphomandra) betaceum)* gezogen.

In südlichen Ländern wird oft *Solandra,* ein Kletterstrauch mit großen, glockenförmigen, eigenartig beigefarbenen, mitunter schwarzviolett gezeichneten Blüten gezogen. Von all diesen Arten geht kaum Gefahr aus. Die Vergiftungserscheinungen sind unangenehm, aber nicht bedrohlich.

Gefährlich ist die ✋Alraune *(Mandragora)*, die aber wegen ihrer heiklen Kultur als Zierpflanze keine Rolle spielt, in ihrer Heimat rund ums Mittelmeer selten ist und kaum in der Nähe von Touristenzentren wächst. Wer dennoch auf gelbe Beeren in der Mitte einer großen Blattrosette am Boden trifft, möge Vorsicht walten lassen.

Relativ giftig ist auch die ✋Gift- oder Blasenbeere *(Nicandra physaloides)*, die gelegentlich wegen ihrer blass blaulila Blüten mit cremeweißem Schlund und ihrer angeblich Weiße Fliege vergrämenden Wirkung angebaut wird. Ihre Wuchsform ähnelt der des Stechapfels, die hängende Frucht ist eine Trockenbeere, die ähnlich wie bei *Physalis* vom jedoch nicht gänzlich verwachsenen Kelch umhüllt wird.

Araliengewächse

Araliaceae

Araliengewächse sind nahe mit den Doldenblütlern verwandt. Die kleinen Blüten erscheinen meist in kugeligen Dolden, die auch zu größeren Gesamtblütenständen vereinigt sein können. Die meist in den Tropen und Subtropen verbreiteten Araliengewächse haben häufig ledrige Blätter entwickelt. Oft sind sie Gehölze, doch auch Waldstauden wie der Ginseng *(Panax)* und Sumpf- und Wasserpflanzen wie der in manchen Arten ebenfalls giftige Wassernabel *(Hydrocotyle)* gehören hierher. Die Blätter sind meist handförmig zusammengesetzt bis gelappt.
Phototoxische Reaktionen kommen vor.

Gewöhnlicher Efeu *(Hedera helix)*

Aufgrund des unangenehmen Geschmacks werden zwar kaum größere Mengen aufgenommen, Vorsicht ist jedoch angebracht.

GEFÄHRLICH FÜR KINDER

Die Altersform mit Beeren findet häufig in der Floristik Verwendung und rückt so in die Erreichbarkeit von Kindern.

GIFTWIRKUNG

In den Beeren und Blättern sind Giftstoffe enthalten, die Brennen im Mund, Kopfschmerzen, Übelkeit, Erbrechen und Ausschlag bis hin zum Schock mit Atemstillstand auslösen können.

ERSTE HILFE

Da kaum größere Mengen der Blätter oder der ledrig trockenen und bitter schmeckenden Beeren aufgenommen werden, erübrigen sich Maßnahmen in den meisten Fällen. Beim Auftreten von Vergiftungssymptomen Arzt aufsuchen.

Junge Blätter von Gewöhnlichem Efeu *(Hedera helix)*.

Die Beeren des Efeus wachsen im Winter heran und reifen im Frühjahr bis Sommer, die Blätter der Altersform unterscheiden sich stark vom typischen Efeulaub.

Bei Hautreaktionen Stellen gründlich abwaschen und weiteren Kontakt meiden.

Standort

Edellaubwälder und Hartholzauen; am häufigsten in abgedämmten (vom Fluss durch einen Damm getrennten) Auwäldern, dort mitunter baumbestandsschädigend; häufig auch kultiviert.

Merkmale

Das immergrüne Gehölz Efeu wächst in der Jugendphase zunächst kriechend und, sobald eine senkrechte Fläche (Baum, Felswand, Mauer) gefunden wurde, mit Hilfe von Haftwurzeln als Kletterpflanze. Es erreicht dabei Höhen bis 20 m. Das Laub ist in dieser Phase drei- bis fünflappig. Die abstehend wachsende, nicht mehr kletternde Altersform mit rhombischen bis lanzettlichen Laubblättern bildet sich nur an ausreichend sonnigen Stellen. Die grünlichgelben Kugeldolden erscheinen im Herbst, die Beeren wachsen im Winter heran und reifen im Frühjahr bis Sommer.

Ähnliche Arten

Es existiert eine Vielzahl von Sorten von abweichender Blattgestalt oder Färbung. Andere Arten werden bei uns ebenfalls kultiviert, so der frostempfindlichere Irische Efeu *(H. hibernica)* und der großblättrige Kolchische Efeu *(H. colchica)*.

Strauchefeu

Unter Sortenbezeichnungen wie 'Arborescens' oder 'Arbori Compact' wird in Baumschulen die durch Stecklinge vermehrte Altersform des Efeus angeboten. Sie klettert nicht, wächst strauchig, blüht und fruchtet sofort. Vorsicht mit diesen Pflanzen, wenn Kinder im Garten spielen – die ungewöhnliche Reifezeit der Beeren im Frühjahr bis Frühsommer macht sie vielleicht trotz des unangenehmen Geschmacks attraktiv. Nichts spricht jedoch gegen die Verwendung der Boden deckenden bzw. kletternden Jugendform.

Doldenblütler

Apiaceae

Sehr typisch und auch für Laien leicht erkennbar ist eine Zugehörigkeit zu den Doldenblütler-Arten. Wer kennt sie nicht, die schirmförmigen Blütenstände? Gefiederte Blätter und hohle Stängel ergänzen das Bild. Viele sind stark aromatisch und sehen einander so ähnlich, dass die Unterscheidung der Arten oft schwer fällt. Das ist vor allem deshalb problematisch, weil stark giftige Arten und als Gemüse nutzbare Arten mitunter leicht zu verwechseln sind. Einige Arten sind phototoxisch.

Flecken-Schierling *(Conium maculatum)*

Da die ganze Pflanze nach Mäuseurin riecht, sind versehentliche Vergiftungen beim Spielen selten. Auch wenn der so genannte Schierlingsbecher seit Sokrates wohl jedem bekannt ist.

GEFÄHRLICH FÜR KINDER

Der besonders unangenehm riechende Flecken-Schierling verlockt nicht zum Spielen. Die Samen ähneln aber Anisfrüchten. Vergiftungsfälle durch Essen von Wurzeln sind bekannt.

GIFTWIRKUNG

Das starke Gift des Schierlings wurde bereits im Altertum zu Mord- und Selbstmordzwecken verwendet. Sokrates starb 399 v. Chr. durch den Schierlingsbecher einen qualvollen Tod. Das Gift wird sehr schnell über Schleimhäute, aber auch die unverletzte Haut aufgenommen. Es kommt zum Brennen im Mund, Lähmung der Zunge und Erbrechen, aufsteigende Lähmung von den Beinen an, Kältegefühl, Gefühllosigkeit und zuletzt Tod durch Atemlähmung, meist bei vollem Bewusstsein.

ERSTE HILFE

(Erbrechen auslösen), sofort ins nächste Krankenhaus bringen!

Standort

Trocken-warme Ruderalfluren, Säume, Hecken, Weingartenränder; gefährdete Art!

Merkmale

Zweijährige Pflanze, im ersten Jahr Rosetten, im zweiten Jahr bereifte, rotfleckige, 80–180 cm hohe Stängel, Blüten weiß. Die ganze Pflanze riecht bei Feuchtigkeit nach Mäusen.

Ähnliche Arten

Leicht zu verwechseln ist die einjährige Hundspetersilie *(Aethusa cynapium)*. Eine hohe Unterart ähnelt dem Schierling, eine sparrige der Petersilie. Die Blüten sind weiß. Zur Giftigkeit gibt es unterschiedliche Angaben, von stark giftig bis ungiftig. Es wird teilweise angenommen, dass sich die Angaben zur starken Giftigkeit auf Verwechslungen mit dem Schierling beziehen. Andere Quellen nennen vom Schierling abweichende stark giftige Inhaltsstoffe.

Essbar sind einige früher als Gemüsepflanzen genutzte Kälberkropf-Arten *(Chaerophyllum)*. So unterscheidet sich die an denselben Standorten wie Schierling vorkommende Kerbelrübe *(Chaerophyllum bulbosum)* im ersten Jahr, wenn die Rüben zart und schmackhaft sind, nur durch den aromatischen Geruch. Im zweiten Jahr ist der unterste Teil des Stängels bei der Kerbelrübe behaart, sonst sieht er aus wie beim Schierling.

Der Flecken-Schierling *(Conium maculatum)* fällt durch seinen strengen Geruch auf.

Wasserschierling
(Cicuta virosa)

Die Knollen des Wasserschierlings riechen nach Sellerie und verleiten zum Kosten. Kinder finden Stücke als Treibgut im Wasser.

GEFÄHRLICH FÜR KINDER

Zu Vergiftungen kommt es immer wieder mit den Knollen, die ausgeschwemmt im Wasser treiben und von Kindern zum Spielen verwendet werden. Das Laub kann mit Petersilie verwechselt werden.

GIFTWIRKUNG

Der Wasserschierling zählt zu den gefährlichsten Giftpflanzen, dessen Ausrottung früher sogar behördlich angeordnet wurde. Nach Verzehr bereits geringer Mengen kommt es nach kurzer Zeit zu brennenden Schmerzen im Mund, heftigem Erbrechen und Krampfanfällen, Atemnot und schließlich zum Tod durch Atemlähmung.

ERSTE HILFE

(Erbrechen auslösen), sofort ins nächste Krankenhaus bringen!

Standort

Sehr seltene (stark gefährdete, regional vom Aussterben bedrohte oder ausgestorbene) Art an Ufern und im Flachwasser von stehenden und langsam fließenden Gewässern, in Sümpfen und Flachmooren, vor allem in kühlen Regionen.

Merkmale

Staude; Wurzelstock dick, hohl, durch Querwände fächrig und mit gelbem Milchsaft; Geruch nach Sellerie; Blätter gefiedert; Dolden weißblütig; 60-120 cm hoch.

Der Wasserschierling *(Cicuta virosa)* gehört zu den gefährlichsten Giftpflanzen.

Riesen-Bärenklau
Herkulesstaude *(Heracleum mantegazzianum)*

Die Herkulestaude, auch Riesen-Bärenklau genannt, beeindruckt durch ihre enorme Größe. Die Pflanze fällt Kindern sofort auf und verleitet sie, „Bäume auszureißen". Schwerste Hautreaktionen sind die Folge.

GEFÄHRLICH FÜR KINDER

Beim Spielen in Bärenklau-Beständen kann es zu heftigsten Hautreaktionen kommen. Kinder von diesen Pflanzen unbedingt fernhalten!

GIFTWIRKUNG

In Verbindung mit Sonnenlicht und hoher Luftfeuchtigkeit wird die hautreizende Eigenschaft des Pflanzensaftes noch verstärkt. Die Reaktion ist auch von der Empfindlichkeit des Menschen abhängig. Auch die Rautengewächse Wein-Raute (zunehmend in Kräuterbeeten kultiviert) und Diptam können bei Sonnenschein zu Hautvergiftungen führen.

ERSTE HILFE

Nach Kontakt sofort gründlich abwaschen, Lichteinwirkung meiden, abschwellende Salben auftragen. Bei starken Beschwerden Arzt aufsuchen.

Standort

Frische bis feuchte Ruderalfluren, Säume, Hecken, lichte Wälder.

Merkmale

Zwei- bis mehrjährige Pflanze, im ersten Jahr Rosetten, ab dem zweiten Jahr aufrechte, 1,5 bis 5 m hohe Stängel bildend; Blätter bis 3 m lang, einfach gefiedert; Blüten grünlich-weiß.

Weitere phototoxische Arten: Schwächer phototoxisch wirken auch die anderen Bärenklau-Arten und die Knorpelmöhre *(Ammi)*.

Gefährliche Petersilie

Auch die Petersilie *(Petroselinum crispum)* gehört zu den Giftpflanzen! Zwar können wir sie gefahrlos als Würz- und Gemüsepflanze verwenden, doch in den Früchten sind die Giftstoffe stärker konzentriert vorhanden. Dennoch muss man größere Mengen zu sich nehmen, um sich ernstlich zu vergiften.
Doch gerade das wurde früher getan: Petersiliensamen dienten zur Abtreibung. Da aber die wirksame Dosis nahe an der Letaldosis liegt, überlebten viele Frauen diese Behandlung nicht. Wer sehr reich war, leistete sich daher lieber die kaum bezahlbare, aber weniger lebensbedrohliche Abtreibung mittels Safran. Auch viele andere „natürliche" Abtreibungsmethoden standen zur Verfügung, waren jedoch immer lebensgefährlich.

Bild rechts: Riesen-Bärenklau, Herkulesstaude *(Heracleum mantegazzianum)*.

Giftpflanzen und Erste Hilfe

auf einen Blick

- Die giftigsten Pflanzen
- Giftige und ungiftige Beeren im Vergleich
- Vermeintlich giftige Arten
- Erste-Hilfe-Maßnahmen

Fruchtende Sträucher – giftig?

Im Herbst findet man viele Früchte, giftige und ungiftige Beeren. Doch die meisten Sträucher haben ungefährliche bis gering giftige Früchte, etliche werden sogar als vitaminreiches Wildobst genutzt.

HÄUFIG ANZUTREFFEN

Manche in der Volksmeinung unserer Breiten als giftig bekannte Pflanzen wie der Gewöhnliche Schneeball oder die Berberitze werden in anderen Ländern als Obst genutzt. Auch die Gefährlichkeit von Liguster, Schneebeere und Hartriegel wird oft überbewertet. Es gibt praktisch keine gesicherten Berichte über schwere Vergiftungen, meist wurden nach dem Verzehr größerer Mengen nur Magen-Darmbeschwerden, Übelkeit und gelegentlich Erbrechen beobachtet.

1. Gewöhnliche Berberitze *(Berberis vulgaris)* (essbar)
2. Gewöhnliche Schneebeere *(Symphoricarpus albus)* (gering giftig)
3. Roter Hartriegel *(Cornus sanguinea)* (gering giftig)
4. Gewöhnlicher Schneeball (*Viburnum opulus)* (essbar)
5. Gewöhnlicher Liguster *(Ligustrum vulgare)* (gering giftig)

essbar · gering giftig · stark giftig

WILDOBST

Im Zuge alternativer Ernährungsweisen rücken Wildpflanzen als wertvolle Vitalstofflieferanten wieder ins allgemeine Bewusstsein. Zahlreiche bei uns heimische Sträucher tragen im Herbst schmackhafte Früchte. Auch wenn die Verwechslungsgefahr mit gefährlichen Giftpflanzen gering ist, sammeln Sie bitte nur solche Pflanzen, die Sie sicher erkennen. Im Zweifelsfall fragen Sie einen Experten!

1. **Schlehdorn** *(Prunus spinosa)* (essbar)
2. **Thunberg-Berberitze** *(Berberis thunbergii)* (essbar, aber mehlig)
3. **Hagenbutte** *(Rosa)* (essbar)
4. **Wild-Birne** *(Pyrus pyraster)* (essbar)
5. **Schwarzer Holunder** *(Sambucus nigra)* (essbar, roh gering giftig)
6. **Weißdorn** *(Crataegus)* (essbar, aber mehlig)
7. **Dirndl/Kornelkirsche** *(Cornus mas)* (essbar)
8. **Eberesche** *(Sorbus aucuparia)* (essbar, vor Frost bzw. roh gering giftig)

essbar gering giftig stark giftig

ROSENGEWÄCHSE

Zu den Rosengewächsen zählen zahlreiche im Herbst meist auffällig rot fruchtende Gehölze. Fast alle Vertreter enthalten in den Kernen Blausäureverbindungen. Die Mengen sind jedoch zu gering, um ernsthafte Vergiftungen zu verursachen. Einige können sogar bedenkenlos als Wildobst genossen werden. Die Eberesche sollte nicht roh gegessen werden, da sie Magen und Darm reizende Stoffe enthält, die jedoch beim Kochen oder Trocknen abgebaut werden. Bei anderen häufig zu Unrecht als Giftpflanzen verdächtigten Vertretern wie dem Feuerdorn oder dem *Cotoneaster* können nach Verzehr größerer Mengen ebenfalls Magen-Darmbeschwerden auftreten, schwer wiegende Vergiftungen sind jedoch nicht zu befürchten.

1. **Mittelmeer-Feuerdorn** *(Pyracantha coccinea)* (gering giftig)
2. **Eberesche** *(Sorbus aucuparia)* (essbar, vor Frost bzw. roh gering giftig)
3. **Weißdorn** *(Crataegus)* (essbar, aber mehlig)
4. **Zwergmispel** *(Cotoneaster)* (gering giftig)

GIFTIG - ABER WIE GEFÄHRLICH?

Die hier abgebildete Gewöhnliche Eibe *(Taxus baccata)* kann zu tödlichen Vergiftungen führen. Dennoch stellt sie unserer Ansicht nach für Kinder eine geringe Gefahr dar. Es fehlt der Anreiz, die giftigen Nadeln zu essen. Interessant ist der ungiftige, rote Samenmantel. Der harte, giftige Kern wird meist ausgespuckt oder unzerkaut geschluckt, wobei er kaum Schaden anrichten kann. Auch der orange Samenmantel des Gewöhnlichen Pflaffenhütchens (Euonymus europaeus) ist kaum giftig. Giftig sind die trockenen, rosa Kapseln. Da sie nicht wohlschmeckend sind, werden Kinder kaum größere Mengen aufnehmen. Kinder sollten dennoch unbedingt über die Giftigkeit dieser Gehölze Bescheid wissen.

Ein gefährlicher Beeren tragender Strauch ist der Gewöhnliche Seidelbast *(Daphne mezereum)*. Die roten Beeren schmecken unangenehm scharf, die Ähnlichkeit mit essbaren Beeren könnte Kinder zur Aufnahme gesundheitsgefährdender Mengen verleiten.

1 **Gewöhnlich Eibe** *(Taxus baccata)* (stark giftig)
2 **Gewöhnliches Pfaffenhütchen** *(Euonymus europaeus)*(stark giftig)
3 **Gewöhnlicher Seidelbast** *(Daphne mezereum)*(stark giftig)

HOCHGIFTIG – TÖDLICHE VERGIFTUNGEN MÖGLICH

(Subjektive Reihung nach Gefährlichkeit)

Pflanzenname deutsch/ botanisch	Gefährlich für Kinder	Giftige Pflanzenteile	Wann ist die Pflanze gefährlich? Stadium/Monat	Warum für Kinder gefährlich?
Eisenhut *(Aconitum)*	✋ (rot)	G	B 7-10	starkes Gift, wird auch über die Haut aufgenommen
Herbstzeitlose *(Colchicum)*	✋ (rot)	G	B 8-11, F 5-6	interessante Fruchtstände, giftige Samen, Verwechslung mit Bärlauch
Seidelbast *(Daphne)*	✋ (rot)	G	je nach Art B 2-6, F 7-10	rote, giftige Beeren
Wasserschierling *(Cicuta)*	✋ (grün)	G	B 7-9, J	v.a. bei Verwechslung mit ungiftigen Doldenblütlern
Schierling *(Conium)*	✋ (grün)	G	B 6-9, J	ausgeschwemmte Wurzelstöcke
Wunderbaum *(Ricinus)*	✋ (rot)	F	F 8-10	hübsche, wohlschmeckende Samen, hoch giftig
Eibe *(Taxus)*	○	GRF	F 8-2, J	
Goldregen *(Laburnum)*	✋ (rot)	G	F 7-11, J	bohnenähnliche Hülsen, hoch giftige Samen
Fingerhut *(Digitalis)*	○	G	B 6-9	
Stechapfel, Engelstrompete *(Datura/Brugmansia)*	✋ (grün)	G	B 6-10, F 7-12	Duft, Samen, Hautgift
Bilsenkraut *(Hyoscyamus)*	✋ (grün)	G	B 5-10, F 6-12	interessante Blüte und Fruchtstände, giftige Samen
Tollkirsche *(Atropa)*	✋ (rot)	G	B+F 6-9	süß schmeckende Beeren, wenige wirken bereits tödlich
Bohne *(Phasaeolus)*	✋ (rot)	F	F 7-9	rohe Bohnen sind stark giftig
Tabak *(Nicotiana)*	✋ (grün)	G	B 7-10, J	Gift wird auch über die Haut aufgenommen
Dieffenbachie *(Dieffenbachia)*	○	G	J	
Oleander *(Nerium)*	✋ (grün)	G	B+F 6-11, J	Samen
Schneerose, Nieswurz *(Helleborus)*	○	G	B 10-5	
Maiglöckchen *(Convallaria)*	✋ (grün)	G	B 5, F 8-9	rote Beeren, Verwechslung mit Bärlauch
Meerzwiebel *(Charybdis/Urginea)*	○	G, v.a. W	B 8-10, J	
Germer *(Veratrum)*	○	G	B 6-8, J	
Zaunrübe *(Bryonia)*	✋ (grün)	G	F 7-12	rote Früchte
Wacholder *(Juniperus sabina)*	○	G	F 1-12	
Ruhmeskrone *(Gloriosa)*	○	G, v.a. W	je nach Kulturführung 1-12	
Lebensbaum *(Thuja)*	✋ (grün)	G	J	Gift wird auch über die Haut aufgenommen
Pfaffenhütchen, Spindelstrauch *(Euonymus)*	✋ (grün)	G	F 8-12	interessante Früchte

ZU UNRECHT VERDÄCHTIGT

(Reihung alphabetisch)

Pflanzenname deutsch / botanisch	essbar	bei größeren Mengen Magen- Darmbeschwerden möglich	Fruchtreife
Apfelbeere *(Aronia)*	●		F 8-10
Berberitze *(Berberis)*	●	●	F 9-12
Blauschotenstrauch *(Decaisnea)*	●		F 10-12
Christophkraut *(Actaea)*		●	F 7-8
Eberesche, Vogelbeere *(Sorbus)*	●	● (roh)	F 8-12
Felsenbirne *(Amelanchier)*	●		F 6-7
Feuerdorn *(Pyracantha)*		●	F 8-4
Fuchsie *(Fuchsia)*	●		F 7-10
Heckenkirsche *(Lonicera)*	je nach Art ●	●	F 5-8
Grünlilie *(Chlorophytum)*			
Hagebutten, auch schwarze *(Rosa)*	●		F 8-2
Hartriegel *(Cornus)*		●	F 8-11
Holunder *(Sambucus)*	●	● (roh)	F 8-10
Jungfernrebe, „Wilder Wein" *(Parthenocissus)*		●	F 9-12
Kermesbeere *(Phytolacca)*		●	F 7-9
Lampionblume *(Physalis)*		●	F 8-2
Liebesperlenstrauch *(Callicarpa)*		●	F 8-12
Mahonie *(Mahonia)*	●	●	F 8-12
Mistel *(Viscum)*		●	F 9-2
Ölweide *(Eleagnus)*	●	●	F 7-9
Pfingstrose *(Paeonia)*		●	F 8-10
Sanddorn *(Hippophae)*	●		F 8-11
Scheinerdbeere *(Potentilla/Duchesnea)*			F 6-10
Schlehdorn *(Prunus spinosa)*	●		F 8-12
Schneeball *(Viburnum)*	●	●	F 8-12
Schwarzer Nachtschatten *(Solanum nigrum)*	●	●	F 7-10
Taglilie *(Hemerocallis)*	●		B 6-8
Torfmyrthe, Scheinbeere *(Gaultheria/Pernettya)*		●	F 8-1
Weißdorn, Rotdorn, Hahnendorn *(Crataegus)*			F 8-4
Zierapfel *(Malus)*	●		F 8-12
Zierkirschen, Blutpflaume *(Prunus)*	●	●	F 6-9
Zierquitte *(Chaenomeles)*	●	●	F 9-12
Zwergmispel *(Cotoneaster)*		●	F 8-4

Gefährlich für Kinder:
○ relativ ungefährlich, gefährlich, sehr gefährlich

Giftige Pflanzenteile:
B: Blatt, **F:** Frucht, **UF:** unreife Frucht, **S:** Samen, **G:** ganze Pflanze, **GRF:** ganze Pflanze außer reifer Frucht, **W:** Wurzel/Knolle/Zwiebel

Wann ist die Pflanze gefährlich:
B: Blütezeit, **F:** Fruchtreife, **J:** ganzjährig

GIFTIG – GESUNDHEITSSCHÄDEN MÖGLICH

(Reihung alphabetisch)

Pflanzenname deutsch/ botanisch	Gefährlich für Kinder	Giftige Pflanzenteile	Wann ist die Pflanze gefährlich? Stadium/Monat	Warum für Kinder gefährlich?
Adonisröschen *(Adonis)*		G	B 3-7	
Alpenrose, Azalee *(Rhododendron)*		G	B 10-5 (Zimmer) B 4-7 (Freiland)	
Alpenveilchen *(Cyclamen)*		W	J	
Aronstab *(Arum)*	✋	G	F 6-8	rote Beeren
Aukube *(Aucuba)*		G	F 8-11	rote Beeren
Becher-Primel *(Primula obconica)*		G	J	hautreizend
Belladonnenlilie *(Amaryllis)*		G, v.a. W	B 8-10, F 9-11	
Blasenstrauch *(Colutea)*		B, S	F 7-10	
Blattfahne, Philodendron & Co. *(Araceae)*		G	J	
Blauregen, Glyzine *(Wisteria)*		G	F 9-10	
Bocksdorn *(Lycium)*	✋	GRF	B 6-9, F 7-10	rote Früchte, unreif giftig
Buchs *(Buxus)*		G	F 6-8	
Diptam *(Dictamnus)*		G	B 5-6, F 6-8	phototoxisch
Efeu *(Hedera)*		B, F	F 11-6	
Einbeere *(Paris)*		G	F 7-8	
Erbsenstrauch *(Caragana)*		G	F 6-8	
Faulbaum *(Frangula)*	✋	G	F 6-9	rote bis schwarze Frucht
Geißblatt *(Lonicera)*	✋	F	F 7-10	je nach Art rote bis schwarze Beeren giftig
Ginster, Geißklee *(Genista, Cytisus)*		G	F 6-9	bohnenartige Hülsen
Gnadenkraut *(Gratiola)*		G	B 6-8	
Goldlack *(Erysimum/Cheiranthus)*		G, v.a. S	F 6-7	
Hahnenfuß *(Ranunculus)*		G	B 5-9	
Hammerstrauch *(Cestrum)*		B, S	B 6-10	
Hundspetersilie *(Aethusa)*		G	B 6-9	
Immergrün *(Vinca)*		G	J	
Kirschlorbeer *(Prunus laurocerasus)*		G	F 7-9	
Korallenstrauch, Enzianstrauch, Nachtschatten, Kartoffel *(Solanum/Lycianthes)*		G (GRF)	F 7-10 (im Zimmer ganzjährig)	
Kornrade *(Agrostemma)*		S	F 6-8	
Kreuzdorn *(Rhamnus)*	✋	UF	F 8-10	schwarze Früchte
Lavendelheide *(Pieris)*		G	B 3-5	
Liguster *(Ligustrum)*		B, UF	F 8-2	
Lorbeerrose *(Kalmia)*		B	B 5-7	
Lupine *(Lupinus)*		S	F 7-10	
Mohn (Papaver)		G	B 5-8	
Narzisse *(Narcissus)*		G	B 3-6	
Osterluzei *(Aristolochia)*		G	F 7-10	

Pflanzenname deutsch/ botanisch	Gefährlich für Kinder	Giftige Pflanzenteile	Wann ist die Pflanze gefährlich? Stadium/Monat	Warum für Kinder gefährlich?
Prachtwinde, Trichterwinde *(Ipomoea/Quamoclit)*		S	F 7-11	
Raute *(Ruta)*		G	B 6-10	phototoxisch
Riemenblatt *(Clivia)*		G	J	
Riesen-Bärenklau *(Heracleum mantegazzianum)*	✋	G	B 7-9	stark phototoxisch
Ritterstern, Falsche Amarillis *(Hippeastrum)*		W	J	
Robinie, Falsche Akazie *(Robinia)*		G	F 8-10	Holz, Blätter, Samen giftig, Blüten essbar
Salomonssiegel, Weißwurz *(Polygonatum)*		G, v.a. F	F 7-8	
Schlangenwurz *(Calla palustris)*		G	F 7-10	
Schneebeere, Korallenbeere *(Symphoricarpus)*		F	F 6-2	
Spritzgurke *(Ecballium)*		F	F 7-11	
Stechpalme *(Ilex)*	✋	B, F	F 8-3	rote Beeren
Veilchenstrauch *(Iochroma)*		G	B 6-10	
Waldrebe *(Clematis)*		G	B 5-9	
Wandelröschen *(Lantana)*	✋	GRF	F 7-10	unreife Beeren
Weihnachtsstern, Wolfsmilch, Christusdorn *(Euphorbia)*		G	J	
Winde *(Convolvulus)*		G	F 6-10	
Windröschen *(Anemone)*		G	B 3-6	
Wunderstrauch, falscher Kroton *(Codiaeum)*		G	J	
Wüstenrose *(Adenium)*		G	B 4-9	rote Beeren

LEGENDE

Gefährlich für Kinder:
relativ ungefährlich, ✋ gefährlich

Giftige Pflanzenteile:
B: Blatt, **F:** Frucht, **UF:** unreife Frucht, **S:** Samen, **G:** ganze Pflanze, **GRF:** ganze Pflanze außer reifer Frucht, **W:** Wurzel/Knolle/Zwiebel

Wann ist die Pflanze gefährlich:
B: Blütezeit, **F:** Fruchtreife, **J:** ganzjährig

ERSTE HILFE IM VERGIFTUNGSFALL

Vergiftungen mit Pflanzen kommen bei Kindern relativ selten vor. Wesentlich häufiger vergiften sich Kinder durch Haushaltschemikalien oder achtlos liegen gelassene Medikamente. Es gibt gar nicht so viele für Kinder attraktive Giftpflanzen und die „verlockenden", giftigen Pflanzenteile schmecken oft (wenngleich leider nicht immer) unangenehm bitter (Mistel, Efeu). Die Kinder nehmen daher keine großen Mengen davon zu sich. Bei gefährlichen Giftpflanzen setzt gelegentlich auch schnell Erbrechen ein, was eine größere Giftaufnahme verhindert (z.B. Fingerhut).

Trotz aller Vorsichtsmaßnahmen kann es jedoch bei Kindern zu Vergiftungen mit Pflanzen kommen. Da heißt es nun richtig reagieren.

Ruhe bewahren

Das Wichtigste im Vergiftungsfall ist zunächst keine Panik aufkommen zu lassen, da so häufig falsche Entscheidungen getroffen werden. Regen Sie ihr Kind nicht auf, schimpfen Sie nicht mit ihm und setzen Sie es nicht unter Druck.

Feststellen, was passiert ist

Öffnen Sie den Mund des Kindes und stellen Sie allenfalls noch darin befindliche Pflanzenteile sicher. Packen Sie diese Reste in ein Taschentuch und nehmen Sie sie gegebenenfalls ins Krankenhaus mit. Dort kann dann nach Bestimmung der Pflanze schneller die richtige Therapie eingeleitet werden. Versuchen Sie herauszufinden, wann, was genau (Früchte, Blätter, Blüten) und wieviel das Kind gegessen hat.

Gift-Notruf

Kennen Sie die aufgenommene Pflanze nicht oder sind Sie sich über ihre Giftigkeit nicht ganz im Klaren und zeigt Ihr Kind noch keine Anzeichen einer Vergiftung, kontaktieren Sie den Gift-Notruf. Geben Sie möglichst genaue Angaben:

- Wem ist es passiert?
- Wie alt und wie schwer ist das Kind?
- Was wurde eingenommen?
- Wann ist es passiert?
- Wieviel wurde aufgenommen?
- Wie geht es dem Patienten?
- Was wurde bereits unternommen?
- Wer ruft an? Adresse und Rückrufnummer angeben!

Beim Gift-Notruf erhalten Sie Auskunft, was Sie weiter tun sollen (sofort Krankenhaus aufsuchen, Patienten beobachten, viel trinken lassen, Medizinalkohle verabreichen etc.)

Bei Symptomen – Krankenhaus!

Zeigt das Kind jedoch bereits Anzeichen einer Vergiftung (Übelkeit, Erbrechen, Leibschmerzen, Bewusstseinsstörung), fahren Sie sofort zum nächsten Krankenhaus oder rufen Sie die Rettung. Nehmen Sie die Ursache der Vergiftung möglichst mit. Auf dem Weg dorthin lassen Sie ihr Kind, sofern es bei Bewusstsein ist, viel warmen Tee, Himbeersaft oder Wasser trinken, um die Giftkonzentration im Magen zu verdünnen. Oft wird dadurch auch spontanes Erbrechen ausgelöst.

Sie können ebenfalls Medizinalkohle verabreichen, die in keiner Hausapotheke fehlen sollte. Es gibt sie in Tabletten oder Kapselform, wobei Kapseln von Kindern leichter zu schlucken sind. Die Kohle bindet an ihrer Oberfläche Giftstoffe. Auch wenn sie bei einem bestimmten Pflanzengift vielleicht nicht allzu wirksam ist, kann sie zumindest keinen Schaden anrichten. Je früher Medizinalkohle verabreicht wird, desto weniger Gift wird vom Körper aufgenommen.

Die größten Fehler

- Lassen Sie Ihr Kind unter keinen Umständen Milch trinken! Milch ist kein Gegengift, sondern beschleunigt durch ihren Fettgehalt die Löslichkeit gewisser Giftstoffe, wodurch sie noch schneller vom Körper aufgenommen werden.

- Verabreichen Sie keine alkoholischen Getränke!

- Lösen Sie Erbrechen nie mit Kochsalzlösung aus! Wird eingenommene Kochsalzlösung nicht vollständig erbrochen, kann besonders bei Kleinkindern eine schwere Kochsalzvergiftung die Folge sein.

In diesem Buch finden Sie bei fast allen Pflanzen unter Erster Hilfe den Hinweis „Erbrechen auslösen" in Klammer gestellt. Obwohl rasches Erbrechen in vielen Fällen größere Giftaufnahme im Körper verhindern würde, ist es schwierig, ein verstörtes, da vielleicht vergiftetes Kind ohne Zwang zum Erbrechen zu bringen. Gewaltanwendung wäre jedoch kontraproduktiv!

- Begehen Sie bitte nicht den Fehler, Ihrem Kind ein Brechmittel zu geben, die Folgen könnten noch schlimmer als die Folgen der Vergiftung sein.
  Setzt jedoch spontan Erbrechen ein, achten Sie, vor allem bei kleinen Kindern, darauf, dass die Atemwege frei bleiben. Ist die Vergiftungsursache unklar, nehmen Sie auch Erbrochenes in die Klinik mit.

- Geben Sie keine Abführmittel! Wenn Symptome auftreten, überlassen Sie einem Arzt die Behandlung.

Praktisch zum Mitnehmen

Ausführliche Beschreibungen der Erste-Hilfe-Maßnahmen finden Sie in der Broschüre „Erste Hilfe bei Vergiftungen"; Hrsg.: Lebensministerium Österreich; erhältlich unter: 0800 240 260 (aus dem Ausland: +43 1 515 22-0)

Vergiftungszentralen

Österreich: **01/406 43 43**
Deutschland: **030/19 240**
Schweiz: **145** (aus dem Ausland:
+41 1 251 51 51)

Notruf

Österreich: **112** oder Rettung **144**
Deutschland: **112**
Schweiz: **144**

Im Vergiftungsfall

Ruhe bewahren
Kind nicht aufregen, zu nichts zwingen
Feststellen, was passiert ist
Ohne Vergiftungserscheinungen:
Gift-Notruf anrufen
Mit Vergiftungserscheinungen:
sofort ins nächste Krankenhaus
bzw. Rettung rufen
Viel trinken lassen
Medizinalkohle verabreichen
Keine Milch, keine Salzlösung, kein Alkohol,
keine Brech- und Abführmittel!

INDEX

Bildquellen

Umschlag: www.gartenfoto.at

Bildautoren Inhalt: alle Laux, ausgenommen
www.gartenfoto.at: 2, 6 bis 9, 13, 15 bis 19, 21, 23, 25, 28, 32 bis 36, 40 bis 42, 56, 58, 61, 76, 84, 87, 88, 102, 112 bis 124
Kalous: 14, 20, 31, 126, 127

Literaturverzeichnis

Roth, Daunderer, Kormann: **Giftpflanzen – Pflanzengifte,** Nikol VerlagsgesmbH&Co.KG, 4. Auflage 1994

Frohne, Pfländer: **Giftpflanzen,** Wissenschaftliche Verlagsges.m.b.H, 5. Auflage 2004

Fischer, Adler, Oswald: **Exkursionsflora für Österreich, Liechtenstein und Südtirol;** Land Oberösterreich, Biologiezentrum der OÖ Landesmuseen, 2. Auflage 2005

Internet-Recherche:
Giftpflanzen: www.giftpflanzen.com
Systematik: www.mobot.org/MOBOT/Research/APweb/welcome.html

Impressum

Die Deutsche Bibliothek – CIP-Einheitsaufnahme
Die Deutsche Bibliothek verzeichnet diese Publikationen in der Deutschen Nationalbibliografie; detaillierte bibliografische Daten sind im Internet über http://dnb.ddb.de abrufbar.

Haftungsausschluss

In diesem Buch werden Aussagen über die Giftigkeit und Gefährlichkeit von Pflanzen getroffen. Für die Richtigkeit der Angaben, im Speziellen für gesundheitliche Schäden aufgrund des Verzehrs von im Buch als ungefährlich bis gering giftig beschriebenen Pflanzen, wird trotz genauer Hinweise und sorgfältiger Recherchen von den Autoren und dem Verlag keine Haftung übernommen.

Projektleitung (Lektorat und Herstellung):
Veronika Schubert für den Österreichischen Agrarverlag (avBUCH), Wien
Korrektorat: Mag. Bettina Jakl-Dresel, Wien
Fachbeirat: Miriam Wiegele, Rechnitz

Umschlag: Ravenstein + Partner, Verden
Grafische Gestaltung & Satz: studio svestka, Wien
Bildreproduktion: Hantsch & Jesch OEG, Leopoldsdorf

Druck und Bindung: Westermann Druck Zwickau GmbH
Printed in Germany

ISBN 3-7040-2129-6